中国石化员工培训教材

石油化工管道对接焊缝超声检测

中国石化员工培训教材编审指导委员会　组织编写

本书主编　周　国　　　副主编　李兆太

中国石化出版社

内 容 提 要

《石油化工管道对接焊缝超声检测》由石油化工工程质量监督总站组织编写，是管道对接焊缝超声检测人员岗位培训用书，经过中国石化管道对接焊缝超声检测人员4年共计7期培训班的试用，学员反映良好，经培训后的学员理论水平和操作技能明显提高。

本书共分七章，主要内容包括绪论、石油化工管道基本知识、相关验收规范对无损检测的要求、探伤仪、探头及其系统性能校验、管道对接焊缝超声检测、奥氏体不锈钢对接焊缝超声检测、TOFD检测技术以及相关检测标准介绍。

本书的特点是理论与实际相结合，经过培训考核合格的人员能自行校验探头、仪器及其系统性能参数，填写校验报告，能根据管道对接焊缝结构的特点编制专用检测工艺和进行现场检测，识别和判定各种回波信号，记录并编制检测报告。

本书是管道对接焊缝超声检测人员岗位技能培训的必备教材，也是本专业技术人员必备的参考书。

图书在版编目(CIP)数据

石油化工管道对接焊缝超声检测/周国主编.
—北京：中国石化出版社，2013.10
ISBN 978-7-5114-2363-4

Ⅰ.①石… Ⅱ.①周… Ⅲ.①石油管道-焊缝-超声检测 Ⅳ.①TE973.3

中国版本图书馆CIP数据核字(2013)第230532号

中国石化出版社出版发行

地址：北京市东城区安定门外大街58号
邮编：100011 电话：(010)84271850
读者服务部电话：(010)84289974
http://www.sinopec-press.com
E-mail：press@sinopec.com
北京科信印刷有限公司印刷

*

787×1092毫米16开本9.5印张188千字
2014年1月第1版 2014年1月第1次印刷
定价：30.00元

中国石化员工培训教材
编审指导委员会

《石油化工管道对接焊缝超声检测》

编写委员会

主　任：周　国

委　员：（以姓氏笔画为序）

李兆太　刘金生　杨志伟　陈振雄

张　明　张贤俊　胡国勇　胡联伟

薛建中

序

中国石化是上中下游一体化能源化工公司，经营规模大、业务链条长、员工数量多，在我国经济社会发展中具有举足轻重的作用。公司的发展，基础在队伍，关键在人才，根本在提高员工队伍整体素质。员工教育培训是建设高素质员工队伍的先导性、基础性、战略性工程，是加强人才队伍建设的重要途径。

当前，我们已开启了建设世界一流能源化工公司的新航程，加快转变发展方式的任务艰巨而繁重，这对进一步做好员工教育培训工作提出了新的更高要求。我们要以中国特色社会主义理论为指导，紧紧围绕企业改革发展、队伍建设和员工成长需要，以提高思想政治素质为根本，以能力建设为重点，积极构建符合中国石化实际的培训体系，加大重点和骨干人才培训力度，深入推进全员培训，不断提高教育培训的质量和效益，为打造世界一流提供有力的人才保证和智力支持。

培训教材是员工学习的工具。加强培训教材建设，能够有效反映和传递公司战略思想和企业文化，推动企业全员学习，促进学习型企业建设。中国石化员工培训教材编审指导委员会组织编写的这套系列教材，较好地反映了集团公司经营管理目标要求，总结了全体员工在实践中创造的好经验好做法，梳理了有关岗位工作职责和工作流程，分析研究了面临的新技术、新情况、新问题等，在此基础上进行了完善提升，具有很强的实践性、实用性和较高的理论性、思想性。这套系列培训教材的开发和出版，对推动全体员工进一步加强学习，进而提高全体员工的理论素养、知识水平和业务能力具有重要的意义。

学习的目的在于运用，希望全体员工大力弘扬理论联系实际的优良学风，紧密结合企业发展环境的新变化、新进展、新情况，学好用好培训教材，不断提高解决实际问题、做好本职工作的能力，真正做到学以致用、知行合一，把学习培训的成果切实转变为推进工作、促进改革创新的实际行动，为建设世界一流能源化工公司作出积极的贡献。

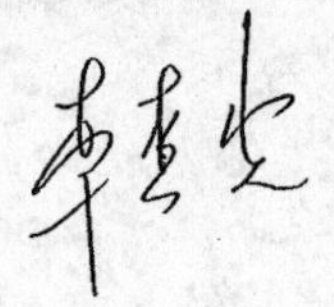

二〇一二年七月十六日

前　言

根据中国石化发展战略要求，为加强培训资源建设、推进全员培训的深入开展，集团公司人事部组织梳理了近些年培训教材开发成果，调研了企业培训教材需求，开展了中国石化员工培训课程体系研究。在此基础上，按职业素养、综合管理、专业技术、技能操作、国际化业务、新员工等六类，组织编写覆盖石油石化主要业务的系列培训教材，初步构建起中国石化特色的培训教材体系。这套系列教材围绕中国石化发展战略、队伍建设和员工成长的需要，以提高全体员工履行岗位职责的能力为重点，把研究和解决生产经营、改革发展面临的新挑战、新情况、新问题作为重要目标，把全体员工在实践中创造的好经验好做法作为重要内容，具有较强的实践性、针对性。这套培训教材的开发工作由中国石化员工培训教材编审指导委员会组织，集团公司人事部统筹协调，总部各业务部门分工负责专业指导和质量把关，主编单位负责组织培训教材编写。在培训教材开发和编写的过程中，上下协同、团结合作，各级领导给予了高度重视和支持，许多管理专家、技术骨干、技能操作能手为培训教材编写贡献了智慧、付出了辛勤的劳动。

《石油化工管道对接焊缝超声检测》的编写以提高管道对接焊接接头超声检测技能为核心，以理论联系实际、科学实用为原则。主要介绍石油化工管道教材基本知识、管道焊接方法及易产生的缺陷、相关标准规范、探伤仪、探头及其系统性能校验、管道对接焊缝超声检测工艺的编制、典型回波信号的分析、奥氏体不锈钢对接焊缝检测案例和TOFD检测方法介绍。通过学习可以让参加培训的员工对管道对接焊缝的超声检测技术具有全面的了解，对检测操作和信号识别判断能力明显增强。

《石油化工管道对接焊缝超声检测》由石油化工工程质量监督总站组织编写，主编周国（石油化工工程质量监督总站），副主编李兆太（南京金陵检测工程有限公司），参加编写的人员有胡国勇（石油化工工程质量监督总站）、陈振雄（石油化工工程质量监督总站）、刘金生（天津宏迪工程检测发展有限公司）、杨志伟（北京蓝光恒远工业检测有限公司）、胡联伟（石油化工工程质量监督总站镇海炼化分站）、张明（中石化宁波工程有限公司）、薛建中（石油化工工程质量监督总站燕山石化分站）、张贤俊（山东泰思特检测有限公司）。本教材已经由集团公司人事部组织审定通过，主审李伟（北京燕华工程建设有限公司），参加审定的人员有周国、李兆太、张明、胡联伟、陈一民、陈振雄。审定工作得到了中国石化集团公司第四建设公司、天津宏迪工程检测发展有限公司的大力支持；中国石化出版社对教材的编写和出版工作给予了通力协作和配合，在此一并表示感谢。

由于本教材编写时间紧迫，不足之处在所难免，敬请各使用单位及个人对教材提出宝贵意见和建议，以便教材修订时补充更正。

目　录

第1章 绪 论

管道是石油化工生产设施的血脉，管道对接焊缝❶的检测质量至关重要，根据中国石油化工集团公司中国石化建[2011]501 号《中国石化管道工程超声检测人员管理办法》文件的要求，针对石化管道施工的特点，对超声检测人员进行针对性的培训考核，使其具有管道对接焊缝超声检测的应有技能，从而保证检测质量和使石化装置持久安全运行。

由于石油化工管道对接焊缝在结构型式、焊接工艺、主要缺陷产生的部位、缺陷信号判别、探头扫查面、探头 K 值选择、耦合等方面都具有与压力容器对接焊缝检测不同的特点，因此必须进行专业培训，才能保证超声检测人员对管道对接焊缝具有正确的检测和判断能力。石油化工管道对接焊缝与压力容器对接焊缝超声检测的不同点比较见表 1－1。

表 1－1　石油化工管道对接焊缝与压力容器对接焊缝超声检测的不同点

项　目	石油化工管道对接焊缝	压力容器对接焊缝
焊接工艺条件	单面焊接，多为手工焊，现场野外作业，焊接质量受环境因素影响大	双面焊接，多为自动焊，车间内机械化作业，焊接质量受环境因素影响小
表面检查条件	不能进入管道内部进行目视检查，只能对外表面进行检查	可以进入容器内部，能对容器进行内外表面目视检查，不能进入容器内部检查的则开有检查孔
缺陷产生的主要部位	除内部缺陷外更容易在焊缝根部产生未焊透、未熔合、内凹、焊瘤、错口、咬边、裂纹等缺陷	缺陷主要产生在焊缝内部，如气孔、夹渣、未熔合、未焊透、裂纹等
超声波信号的判断	焊缝根部缺陷回波易与内表面回波相混淆，不易判断区分	焊缝内部缺陷回波与焊缝表面回波位置明显不同，易于区分判断
探头扫查面	只能在管道外表面扫查；直管与其他管件的对接焊缝只能从直管侧扫查	一般可以从压力容器内外表面、焊缝两侧扫查
检测面曲率与耦合	检测面曲率一般较大，探头与工件易产生耦合不良	检测面曲率小，一般接近平面，耦合良好
对探头的要求	较薄的焊缝要求探头具有短前沿和大 K 值，增大一次波的扫查范围	较厚的焊缝则要求探头 K 值不宜过大

❶ 对接焊缝——包括焊缝熔敷金属、熔合线和热影响区。关于对接焊缝熔敷金属、熔合线和热影响区三者结构的总称谓，有的标准称其为对接焊接接头，有的标准则称其为对接焊缝，本书认为称其为对接焊缝较妥，即通俗易懂又沿袭了过去的习惯叫法。本书在引用相关标准条文时，采用原文引用，其引用条款中可能会有对接焊接接头的名词。

充分了解管道运行状况、材料性能、施工程序、焊接方法、焊接位置、易产生的缺陷及缺陷产生的原因等，将有助于提高超声检测人员的综合判断能力。

石化工程管道对接焊缝采用超声检测具有以下优点：

1）对厚壁对接焊缝检测效率高，对裂纹类缺陷检测灵敏度高

对于壁厚30mm以上的管道对接焊缝由于射线检测非常困难、效率极低且检测灵敏度下降很快，而射线检测对于裂纹类面状缺陷检测灵敏度也很低，因此选择适当角度的探头能有效提高裂纹类面状缺陷的检测灵敏度。

2）与射线检测法相比，对检测人员和周围人员无伤害，对环境无不良影响

射线对人体有一定的伤害，特别是有些工程位于生产车间内或其附近，而生产操作不能停止，操作人员不能撤离，或施工现场周围有人员居住等，这些因素都导致射线检测安全防护距离达不到要求，此时选择超声检测替代射线检测是检测对接焊缝内部质量的最优化的方法。超声检测不需要周围人员撤离，也不影响其他人员工作。

3）超声检测可以在任何时间进行

由于工期的原因，经常会发生射线检测作业时间不够，如装置大检修、计划工期非常短、施工现场全天24小时都有人施工等，不能保证射线检测所需的时间，而采用超声检测则可以有效解决这个问题，此时可与其他工种施工平行作业，有利于保证工程进度。

4）降低检测成本

超声检测与射线检测相比，节省了价格昂贵的胶片及配套材料，大大降低了检测成本。

超声检测也存在以下缺点：

a）目前，采用A型脉冲反射法超声检测尚不能获得与检测位置相对应的反射信号的连续动态记录，其检测结果不能像射线底片一样可以直观判读，对缺陷定性、定量有一定的局限性；

b）检测结果受检测工艺和检测人员技能的影响较大；

c）对不具备探头扫查面的对接焊缝不能进行检测，如法兰与弯头对接焊缝等；

d）反射信号要通过专业人员结合施工条件及焊接工艺进行分析判断。

练　习　题

1. 比较管道对接焊缝与压力容器对接焊缝在焊接工艺、焊接缺陷、检测面及缺陷信号判断方面的不同点。

2. 简述管道对接焊缝超声检测的优缺点。

第 2 章　石油化工管道基本知识

2.1　石油化工管道的特点

石油化工管道传输的介质和运行条件复杂多样，且多在高温、高压条件下传输可燃、有毒、腐蚀性介质，这些介质一旦泄漏将给人民生命和财产造成极大危害，更有可能造成严重的环境污染。

石油化工管道由管子和管道组成件连接而成，一条管道一般包括直管段、弯头、法兰、阀门、三通、四通、大小头等管道组成件，这些管道组成件通过焊接将其按顺序连接成一体，一条管道焊口数量少则几道，多则几十道、上百道。大部分管道是在地面预制成大段，再运输到现场组装成一个整体。现场组对焊口一般为高空固定口，而高空固定口焊接条件较差，焊工要在搭设的脚手架上焊接。有些焊接位置由于现场条件限制，管道安装和焊工操作非常困难。由于管道布置结构的特点及管径的原因，施工人员一般无法进入管子内部进行焊接。因此，管道对接焊缝一般采用单面焊双面成形的焊接工艺。为了保证根部焊透，管道施工采取根部氩弧焊打底，手工或埋弧焊填充、盖面。

2.2　管道的分级

压力管道按其运行条件和传输介质的不同分为不同的等级。不同等级的管道，其检测比例、合格级别有所不同。以下介绍目前最新版标准对管道的分级。

2.2.1　GB/T 20801.1—2006《压力管道规范　工业管道　第 1 部分：总则》对管道等级的规定

GB/T 20801.1—2006《压力管道规范　工业管道　第 1 部分：总则》根据输送介质和传输条件的不同对管道进行了分级，该规范将工业管道分为 GC1、GC2、GC3 三个等级。规范具体分级内容如下：

4. 压力管道分级

压力管道按其危害程度和安全等级划分为 GC1、GC2、GC3 三个等级。

4.1　符合下列条件之一的压力管道应划分为 GC1 级：

4.1.1　输送下列有毒介质的压力管道：

a）极度危害介质；

b）高度危害气体介质；

c）工作温度高于标准沸点的高度危害液体介质。

4.1.2　输送下列可燃、易爆介质且设计压力大于或等于 4.0MPa 的压力管道：

a）甲、乙类可燃气体；

b）液化烃；

c）甲 B 类可燃液体。

4.1.3　设计压力大于或等于 10.0MPa 的压力管道和设计压力大于或等于 4.0MPa 且设计温度大于或等于 400℃的压力管道。

4.2　符合下列条件压力管道应划分为 GC2 级：

除 4.3 条规定的 GC3 级管道外，介质毒性程度、火灾危害性（可燃性）、设计压力和设计温度低于 4.1 条规定（GC1 级）的压力管道。

4.3　符合下列条件的压力管道应划分为 GC3 级：

输送无毒、非可燃流体介质，设计压力小于或等于 1.0MPa 且设计温度大于 -20℃但不大于 185℃的压力管道。

4.4　当输送毒性或可燃性不同的混合介质时，应按其危害程度及其含量，由业主或设计者确定压力管道等级。

2.2.2　GB 50517—2010《石油化工金属管道工程施工质量验收规范》对管道等级的规定

4　管道分级

4.0.1　石油化工金属管道根据其输送的介质和设计条件可按表 4.0.1 划分。输送介质中常见的毒性介质、可燃介质可按本规范附录 A 确定。管道分级编码组成单元及各编码单元所代表的内容应符合本规范附录 B 的规定。

表 4.0.1　石油化工管道分级

序　号	管道级别	输 送 介 质	设计条件	
			设计压力/MPa	设计温度/℃
1	SHA1	(1)极度危害介质（苯除外）、高度危害丙烯腈、光气介质	—	—
		(2)苯介质、高度危害介质（光气、丙烯腈除外）、中度危害介质、轻度危害介质	$P \geqslant 10$	—
			$4 \leqslant P < 10$	$t \geqslant 400$
			—	$t < -29$

续表

序　号	管道级别	输 送 介 质	设计条件	
			设计压力/MPa	设计温度/℃
2	SHA2	(3)苯介质、高度危害介质(光气、丙烯腈除外)	$4 \leqslant P < 10$	$-29 \leqslant t < 400$
			$P < 4$	$t \geqslant -29$
3	SHA3	(4)中度危害介质、轻度危害介质	$4 \leqslant P < 10$	$-29 \leqslant t < 400$
		(5)中度危害介质	$P < 4$	$t \geqslant -29$
		(6)轻度危害介质	$P < 4$	$t \geqslant 400$
4	SHA4	(7)轻度危害介质	$P < 4$	$-29 \leqslant t < 400$
5	SHB1	(8)甲类、乙类可燃气体介质和甲类、乙类、丙类可燃液体介质	$P \geqslant 10$	—
			$4 \leqslant P < 10$	$t \geqslant 400$
			—	$t < -29$
6	SHB2	(9)甲类、乙类可燃气体介质和甲$_A$类、甲$_B$可燃液体介质	$4 \leqslant P < 10$	$-29 \leqslant t < 400$
		(10)甲$_A$类可燃液体介质	$P < 4$	$t \geqslant -29$
7	SHB3	(11)甲类、乙类可燃气体介质，甲$_B$类、乙类可燃液体介质	$P < 4$	$t \geqslant -29$
		(12)乙类、丙类可燃液体介质	$4 \leqslant P < 10$	$-29 \leqslant t < 400$
		(13)丙类可燃液体介质	$P < 4$	$t \geqslant 400$
8	SHB4	(14)丙类可燃液体介质	$P < 4$	$-29 \leqslant t < 400$
9	SHC1	(15)无毒、非可燃介质	$P \geqslant 10$	—
			—	$t < -29$
10	SHC2	(16)无毒、非可燃介质	$4 \leqslant P < 10$	$t \geqslant 400$
11	SHC3	(17)无毒、非可燃介质	$4 \leqslant P < 10$	$-29 \leqslant t < 400$
			$1 < P < 4$	$t \geqslant 400$
12	SHC4	(18)无毒、非可燃介质	$1 < P < 4$	$-29 \leqslant t < 400$
			$P \leqslant 1$	$t \geqslant 185$
			$P \leqslant 1$	$-29 \leqslant t < -20$
13	SHC5	(19)无毒、非可燃介质	$P \leqslant 1$	$-20 < t < 185$

4.0.2　石油化工管道分级除应符合本规范第4.0.1条的规定外，尚应符合下列规定：

a）输送氧气介质管道级别应根据设计条件按本规范表4.0.1中乙类可燃气体确定；

b）输送毒性或可燃性不同的混合介质管道级别应按其危害程度及含量确定；

c）输送同时具有毒性和可燃性介质管道级别应按本规范表4.0.1中高管道级别确定。

4.0.3　本规范表4.0.1中所列管道的检查等级，除应符合相应管道级别的要求外，尚应符合下列规定：

a）钛及钛合金、锆及锆合金、镍及镍基合金、高铬镍钼奥氏体不锈钢管道，以及设计明确规定为剧烈循环工况管道的检查等级不得低于1级；

b）铬钼合金钢、双相不锈钢、铝及铝合金管道的检查等级不得低于2级；

c）奥氏体不锈钢、设计要求冲击试验的碳钢管道的检查等级不得低于3级。

4.0.4 氧气管道的施工及验收并符合GB 16912《深度冷冻法生产氧气及相关气体安全技术规程》的有关规定。

附录B 管道分级编码

B.0.1 石油化工管道分级编码可由下列单元组成：

a）编码一单元为汉语拼音字母SH；

b）编码二单元为英文字母A、B、C；

c）编码三单元为阿拉伯数字1、2、3、4、5。

B.0.2 石油化工管道分级各编码单元所代表的内容见表B.0.2。

表B.0.2 石油化工管道分级编码

编码单元	编码符号	编码内容
一单元	SH	石油化工行业标准
二单元	A	输送毒性介质管道
	B	输送可燃介质管道
	C	输送无毒、非可燃介质管道
三单元	1	检查等级1级、焊接接头100%无损检测的管道
	2	检查等级2级、焊接接头20%无损检测的管道
	3	检查等级3级、焊接接头10%无损检测的管道
	4	检查等级4级、焊接接头5%无损检测的管道
	5	检查等级5级、焊接接头可不进行无损检测的管道

2.2.3 SH 3501—2011《石油化工有毒、可燃介质钢制管道工程施工及验收规范》

该标准对管道的分级与GB 50517—2010《石油化工金属管道工程施工质量验收规范》基本相同，只是不含SHC级管道。

2.2.4 TSG R1001—2008《压力容器压力管道设计许可规则》

该规则将长输管道分为GA1和GA2级。

2.3 石油化工管道材料相关知识

2.3.1 石油化工管道常用金属材料

石油化工管道常用金属材料包括钢材和有色金属。常用钢材有碳钢和合金钢；有色金属有钛材及其合金、铝材及其合金、锆材及其合金等。有关石油化工管道中常用金属材料的分类、特点、用途和表示方法内容如下。

2.3.1.1 常用钢的分类

（1）碳钢

碳钢是指只含碳、铁两种基本元素和少量残留元素（如硅、锰、硫、磷等）的铁碳合金，一般没有添加元素。碳钢分类如下：

按含碳量分类，碳钢可分为：

1）低碳钢，含碳量 C≤0.25%；

2）中碳钢，含碳量 C>0.25%～0.60%；

3）高碳钢，含碳量 C>0.60%。

根据钢中硫磷含量的多少，将钢的质量等级分为普通碳素钢、优质碳素钢和高级优质碳素钢。

按冶炼时脱氧程度分类，碳钢可分为：

1）沸腾钢　在钢的冶炼过程中，如果仅加入弱脱氧剂（锰铁）脱氧，则在钢液中将保留较多数量的 FeO，在浇注与凝固时，由于碳和 FeO 发生反应，钢液中会不断析出 CO，产生沸腾现象，这样的钢称为沸腾钢。

2）镇静钢　钢液在浇注之前经过完全脱氧，在凝固时就不会有沸腾现象，这样的钢称为镇静钢。

3）半镇静钢　介于镇静钢与沸腾钢之间的钢。

按钢的用途分类，碳钢可分为：

1）碳素结构钢　主要用于制作各种工程结构件和机器零件，一般为低碳钢；

2）碳素工具钢　主要用于制作各种刀具、量具、磨具等，一般为高碳钢。

（2）合金钢

合金钢是指除铁、碳基本元素和残留元素以外，还特意添加其他元素的合金。通常加入的元素有锰、硅、铬、钼、钛、铌、铜、铝、钨、锆、硼、氮等。

按合金元素的加入量分类，合金钢可分为：

1）低合金钢，合金总量不超过 5%；

2）中合金钢，合金总量 5%～10%；

3）高合金钢，合金总量超过 10%。

按用途分类，合金钢可分为：

1）合金结构钢，专用于制造各种工程结构和机器零件的钢种；

2）合金工具钢，专用于制造各种工具的钢种；

3）特殊性能合金钢，具有特殊物理、化学性能的钢种，例如耐酸钢、耐热钢、电工钢等。

此外，按钢的组织分类，合金钢可分为珠光体钢、奥氏体钢、铁素体钢、马氏体钢等。

若按所含主要合金元素分类，合金钢可分为铬钢、铬镍钢、锰钢、硅锰钢等。

2.3.1.2 杂质元素和合金元素在钢中的作用

在影响材料性能的诸多因素中，化学成分是起主要作用的。不同的元素以及它在材料中的含量、与哪些元素配合等都决定了材料的基本性能。因此，了解元素在钢中起的作用，可以帮助我们了解材料的性质。由于钢的基本元素是铁(Fe)，所以对材料性能的影响主要是指铁以外的其他元素。

非合金钢中的杂质元素是在冶炼过程中非人为有意地加入或保留的元素。常见杂质元素有硅、锰、硫、磷等，对钢的性能有较大的影响。合金钢中的合金元素是为使金属具有某些特性，在基本金属中有意加入或保留的金属或非金属元素。钢中常用的合金元素有铬(Cr)、锰(Mn)、硅(Si)、镍(Ni)、钼(Mo)、钨(W)、钒(V)、钴(Co)、钛(Ti)、铝(Al)、铜(Cu)、硼(B)、氮(N)、稀土(Re)等。

(1) 主要杂质元素在碳钢中的作用

1) 锰　能提高钢的强度，能减弱和消除硫的不良影响，并能提高钢的淬透性，含锰量很高的高合金钢(高锰钢)具有良好的耐磨性和其他的物理性能。

2) 硅　可以提高钢的硬度，但是可塑性和韧性下降，电工用的钢中含有一定量的硅，能改善软磁性能。

3) 硫　是钢中的有害杂质，其在钢中的含量应严格限制。含硫较高的钢在高温进行压力加工时，容易脆裂，称为热脆性。含硫还会降低钢的耐腐蚀性。

4) 磷　能使钢的可塑性及韧性明显下降，特别是在低温下更为严重，这种现象称为冷脆性。在优质钢中，硫和磷均要严格控制。

5) 碳　碳含量升高，钢的强度和硬度升高，塑性和韧性下降，焊接性能下降。

(2)合金元素在钢中的作用

1) 钨　能提高钢的红硬性和热强性，并能提高钢的耐磨性。

2) 铬　能提高钢的淬透性和耐磨性，能改善钢的抗腐蚀能力和抗氧化作用。

3) 钒　能细化钢的晶粒组织，提高钢的强度，韧性和耐磨性。当它在高温熔入奥氏体时，可增加钢的淬透性；反之，当它在碳化物形态存在时，就会降低它的淬透性。

4)钼　可明显地提高钢的淬透性和热强性，防止回火脆性，提高剩磁和矫顽力。

5)钛　能细化钢的晶粒组织，从而提高钢的强度和韧性。在不锈钢中，钛能消除或减轻钢的晶间腐蚀现象。

6)镍　能提高钢的强度和韧性，提高淬透性。含量高时，可显著改变钢的一些物理性能，提高钢的抗腐蚀能力。

7）硼　当钢中含有微量（0.001%～0.005%）的硼时，钢的淬透性可以成倍地提高。同时，含硼还能改善钢的高温强度。

8）铝　能细化钢的晶粒组织，阻抑低碳钢的时效．提高钢在低温下的韧性，还能提高钢的抗氧化性，提高钢的耐磨性和疲劳强度等。

9）铜　它的突出作用是改善普通低合金钢的抗大气腐蚀性能，提高强度和韧性。

2.3.1.3　钢的牌号表示方法

凡国家标准和行业标准中钢铁产品的牌号均应按国家标准 GB/T 221 标准规定的牌号表示方法编写。

（1）碳素结构钢和低合金结构钢

碳素结构钢和低合金结构钢牌号表示方法通常有四个部分组成，其表示方法如下：

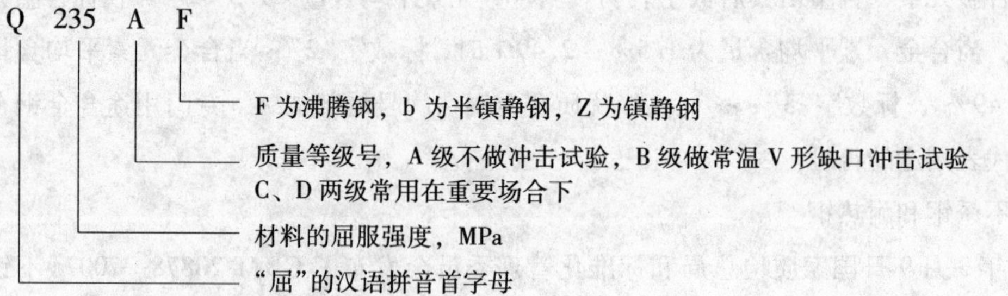

石油化工管道中常用的普通碳素结构钢牌号为 Q235A（F、b）、Q235B（F、b）、Q235C、Q235D 四种，这些牌号的质量要求是顺次提高的。

（2）优质碳素结构钢

优质碳素结构钢的牌号用两位数字表示，这两位数字是钢平均含碳量的万分之几，例如：08 钢表示平均含碳量 0.08%，20 钢表示平均含碳量 0.20%。优质碳素结构钢按含锰量的不同分为普通含锰量（0.35%～0.8%）和较高含锰量（0.7%～1.2%）两组。对含锰量较高的一组，牌号数字后面应附加“Mn”，以示与普通含锰量的区别，如 15Mn、20Mn 等。如为沸腾钢，则在牌号的数字后面加“F”，如 08F、15F 等。

优质碳素钢的表示方法如下：

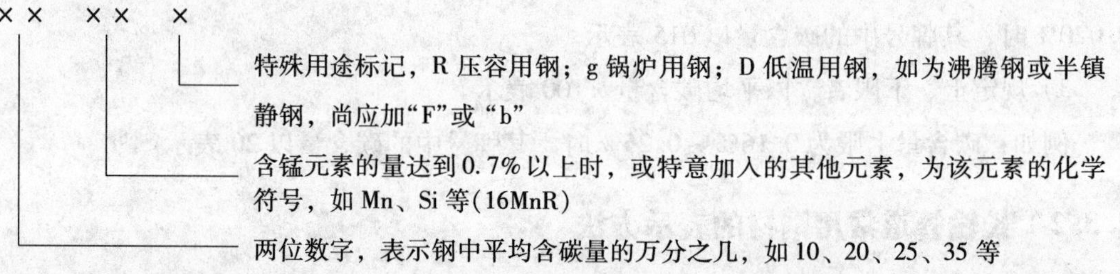

（3）合金结构钢

合金结构钢的表示方法如下：

```
25 Cr2 Mo V A
                ── 高级优质合金钢
         ── 合金元素含量 <1.5% 仅标合金元素
                1.5% ~2.49% 标“2”
                2.5% ~3.49% 标“3”
                3.5% ~4.49% 标“4”
                …………
                17% ~19.00% 标“18”
── 含碳量万分之二十五表示为25(两位数字表示)
```

牌号首部是用两位数字表明平均碳含量的万分之几。牌号的第二部分用元素符号表明钢中主要合金元素，含量由其后数字表明。当合金元素平均含量 <1.5% 时，仅标合金元素不标含量。当合金元素平均含量为 1.5% ~2.49% 时，标数字“2”；当合金元素平均含量为 2.5% ~3.49%，标数字“3”；……高级优质合金钢在牌号尾部加 A，专门用途合金钢在牌号尾部加代表用途的符号。

（4）不锈钢和耐热钢

2007 年 3 月 9 日国家质检总局和标准化管理委员会发布了 GB/T 20878—2007《不锈钢和耐热钢牌号及化学成分》标准，对不锈钢和耐热钢牌号进行了重新命名，主要区别在于碳含量的表示方法不同，主要分以下三种情况：

1）只规定碳含量上限者，用二位阿拉伯数字表示碳含量最佳控制值，以万分之几计。当碳含量上限不大于 0.1% 时，以其上限的 3/4 表示碳含量；当碳含量上限大于 0.1% 时，以其上限的 4/5 表示碳含量。

例如：碳含量上限为 0.08% 时，碳含量以 06 表示；碳含量上限为 0.2% 时，碳含量以 16 表示；碳含量上限为 0.15% 时，碳含量以 12 表示。

2）对超低碳不锈钢(即碳含量不大于 0.030%)，用 3 位阿拉伯数字表示碳含量最佳控制值，以十万分之几计。

例如：碳含量上限为 0.030% 时，其牌号中的碳含量以 022 表示；碳含量上限为 0.020% 时，其牌号中的碳含量以 015 表示。

3）规定上、下限者，以平均碳含量 ×100 表示。

例如：碳含量上限为 0.16% ~0.25% 时，其牌号中的碳含量以 20 表示。

2.3.2 长输管道常用钢材的表示方法

1. API SPEC 5L《管线钢管规范》

（1）API SPEC 5L 标准包括的钢级有 A25、A、B、X42、X46、X52、X56、X60、X65、X70、X80 标准钢级，X42 - X80 其数字部分表示屈服强度的最小值。

(2) 其他钢级代号以字母 X 及美国惯用单位/(英制)中规定最低屈服强度的前两位数字组成。

2. GB/T 9711—2011《石油天然气工业管线输送系统用钢管》

(1) 本标准等效采用 ISO 3183；

(2) 钢管质量等级分为 A、B、C 三级：

1) A 级钢管是与 API SPEC 5L(PSLI)的规定相当的基本质量要求的钢管；

2) B 级钢管规定了除基本质量要求之外的有附加要求(如韧性、无损检测)的钢管；

3) C 级钢管则为特殊要求的钢管，如酸性条件、海洋条件和低温条件等对钢管质量和试验有严格要求的钢管；

(3) GB/T 9711 等同于 ISO 3183 标准：把“X”改为“L”，屈服强度转化为国际单位制，用 MPa 表示，并把末位数圆整到“0”和“5”。

3. ISO 3183 与 API SPEC 5L 规定的钢级对照表

GB/T 9711	L175(Ⅰ、Ⅱ类)	L210	L245	L290	L320	L360	L390	L415	L450	L485	L555
API SPEC 5L	A25(Ⅰ、Ⅱ类)	A	B	X42	X46	X52	X56	X60	X65	X70	X80

2.3.3 石油化工管道的组成

石油化工管道是由管道组成件和管道支承件组成的装配总成。管道组成件包括管子、弯头、法兰、垫片、紧固件、阀门以及膨胀接头、疏水器和分离器等等。管道支承件分为固定件和结构附件两大类。

2.3.3.1 管子

在我国的钢管制造标准中，分结构用钢管和流体输送用钢管两类。结构用钢管主要用于一般金属结构如桥、梁、钢构架等，它只要求保证强度与刚度，而对钢管的密闭性不做要求。流体输送用钢管主要用于带有压力的流体输送，它除了要保证具有符合相应要求的强度与刚度外，还要求保证密闭性，即在出厂前要求逐根进行水压试验。对石化装置管道来说，它输送的介质常常是易燃、易爆、有毒、有温度、有压力的介质，故应选用流体输送用钢管。

(1) 管子的分类

管子的种类、型号、规格和应用范围，各国均由国家或协会(学会)标准或生产厂家标准作出规定。例如我国的 YB 标准(冶金部标准)、日本的 JIS 标准(日本工业标准)、美国的 ASTM 标准(美国材料与试验协会标准)、ANSI 标准(美国国家标准)、API 标准(美国石油学会标准)、德国的 DIN 标准(德国标准)、英国的 BS 标准(英国标准)等等。

国产常用钢管材料牌号及使用温度范围见表 2 - 1 。

（2）各国标准对照

目前，石油化工装置中材料标准较多，为了便于对管子材质的了解，附录 1 中给出了我国管材标准与最常用的美国材料标准进行对照的表和常用钢种的新旧牌号及与美国、日本标准牌号对照表。

（3）钢管的尺寸系列

1）钢管的公称直径

公称直径是为了设计制造和维修的方便人为规定的，也叫公称通径，是管子(或者管道元件)的规格名称。公称直径用字母“*DN*”后面紧跟一个数字表示。公称直径不是外径，也不是内径，而是近似普通钢管外径的一个名义尺寸。每一公称直径，对应一个外径，其内径数值随厚度不同而不同。公称直径可用公制 mm 表示，也可用英制 in 表示。

2）钢管的外径系列

钢管标准很多，各国都有自己的标准和规格，但在国际贸易上多数采用的是美国的 ASTM 标准、英国的 BS 标准、德国的 DIN 标准和日本的 JIS 标准等。

表 2－1　常用钢管材料牌号及使用温度范围

序号	钢管标准	钢管标准号	材料牌号	使用温度/℃	备注
1	化肥设备用高压无缝管	GB 6479	10	－40～400	
2	输送流体用无缝管	GB/T8163	20	－20～425	
3	化肥设备用高压无缝管	GB 6479	16MnD	－40～400	
4	化肥设备用高压无缝管	GB 6479	09Mn2VD	－50～100	
5	化肥设备用高压无缝管	GB 6479	09MnNiD	－70～100	
6	石油裂化用无缝管	GB 9948	12CrMo	≤525	
7	石油裂化用无缝管	GB 9948	15CrMo	≤550	
8	高压锅炉用无缝管	GB 5130	12Cr1MoVG	≤575	
9	化肥设备用高压无缝管	GB 6479	12Cr2Mo	≤575	
10	化肥设备用高压无缝管	GB 6479	1Cr5Mo	≤600	
11	ASTM(钢管)	A333Cr. P11	1. 1/4Cr1/2Mo	≤540	
12	ASTM(钢管)	A333Cr. P22	2. 1/4Cr1Mo	≤560	
13	流体输送用不锈钢无缝管	GB/T 14976	0Cr13	≤500	马氏体型
14	流体输送用不锈钢无缝管	GB/T 14976	0Cr18Ni9	－196～700	奥氏体型
15	流体输送用不锈钢无缝管	GB/T 14976	0Cr17Ni12Mo2	－196～700	奥氏体型
16	流体输送用不锈钢无缝管	GB/T 14976	0Cr18NiMo2Ti	－196～500	奥氏体型
17	流体输送用不锈钢无缝管	GB/T 14976	0Cr19Ni13Mo3	－196～700	奥氏体型
18	流体输送用不锈钢无缝管	GB/T 14976	00Cr19Ni10	－196～423	奥氏体型

续表

序号	钢管标准	钢管标准号	材料牌号	使用温度/℃	备注
19	流体输送用不锈钢无缝管	GB/T 14976	00Cr19Ni14Mo2	-196~450	奥氏体型
20	流体输送用不锈钢无缝管	GB/T 14976	00Cr19Ni13Mo3	-196~450	奥氏体型

3）钢管的管壁厚度系列

钢管壁厚表示方法有管子表号、钢管壁厚尺寸和管子质量三种方法。

（a）以管子表号（Sch）表示壁厚系列

这是1938年美国国家标准 ANSI B36.10《焊接和无缝钢管》规定的方法。管子表号（Sch）是设计压力与设计温度下材料的许用应力的比值乘以1000，并经圆整后的数值。计算见公式(2-1)。

$$\mathrm{Sch} = \frac{P}{[\sigma]_t} \times 1000 \qquad (2-1)$$

式中　P——设计压力，MPa；

$[\sigma]_t$——设计温度下材料的许用应力，MPa。

各种材料的管子表号可查资料确定。

ANSI B36.10 和 JIS 标准中的管子表号分为 Sch10、20、30、40、60、80、100、120、140、160。

ANSI B36.19 中的不锈钢管管子表号分为 5S、10S、40S、80S。Sch 后面带 S 的代表不锈钢材料。

中国石化 SH 3408 标准无缝钢管管子表号分为：Sch5S、10S、40S、80S 、20、30、40、60、80、100、120、140、160、XXS。

管表号（Sch）并不是壁厚，是壁厚系列。同一管径，在不同的管子表号中其厚度不同。如果已知钢管的管子表号，可根据公式(2-1)计算出该钢管所能适应的设计压力，即

$$P = \mathrm{Sch} \times [\sigma]_t / 1000$$

例如，Sch40，碳素钢20#无缝钢管，求当设计温度为350℃时该钢管所能适应的设计压力，设温度为350℃时20#钢的许用应力为92MPa，则有：

$$P = 40 \times 92/1000 = 3.68\ \mathrm{MPa}$$

（b）以钢管壁厚尺寸表示壁厚系列

中国、ISO 和日本部分钢管标准采用壁厚尺寸表示钢管壁厚系列。例如：我国低压流体

输送用焊接钢管的壁厚分为普通管和加强管。对于流体输送用焊接钢管，日本 JIS 标准对这类钢管规格的表示方法为管外径×壁厚。例如 ϕ60.5×3.8。

此外还有以管子质量表示的系列。

4）管壁厚度的确定

钢管壁厚计算的公式有多种。对于石化项目一般按美国国家标准 ANSI B31.3《工艺管道》规范中的方法进行强度计算。强度计算需要的条件为设计条件(温度、压力)、材料许用应力、钢管外径(或内径)、质量系数(也称焊接接头系数)、温度影响系数，此外还要考虑材料腐蚀余量、加工裕量等。壁厚计算的结果是进行钢管(及弯件)壁厚选用标准尺寸的依据。弯头等管道元件的壁厚也有计算方法，但是在通常情况下，是以直管的计算为依据选用标准厚度即可。

用公式计算得到的是管子最小厚度，但由于管子在制造上存在一定的公差，故选用厚度应考虑到管子的制造公差。表 2－2 和表 2－3 为两种国产钢管标准对管径和厚度偏差的规定。美国标准允许的壁厚偏差为±12.5%。

钢管按产品制造方式分为两类，类别和代号为：

(1) 热轧(挤压、扩)钢管 WH；

(2) 冷拔(轧)钢管 WC。

表 2－2　GB 9948—2006《石油裂化用无缝钢管》对管径和厚度偏差的规定

单位：mm

分类代号	制造方式	钢管公称尺寸		允许偏差	
				普通级	高级
WH	热轧(挤压)钢管	外径(D)	≤50	±0.50	±0.30
			>50～159	±1%D	±0.75%D
			>159	±1%D	±0.9%D
		壁厚(S)	≤20	+15%S −10%S	±10%S
			>20	+12.5%S −10%S	±10%S
	热扩钢管	外径(D)	全部	±1%D	
		壁厚(S)	全部	+15%S	
WC	冷拔(轧)钢管	外径(D)	14～30	±0.20	±0.15
			>30～50	±0.30	±0.25
			>50	±0.75%D	±0.6%D
		壁厚(S)	≤3.0	+12.5%S −10%S	±10%S
			>3.0	±10%S	±7.5%S

表 2-3　GB/T 8163—2008《输送流体用无缝钢管》对管径和厚度偏差的规定

单位：mm

<table>
<tr><th rowspan="2">分类代号</th><th rowspan="2">制造方式</th><th colspan="3" rowspan="2">钢管公称尺寸</th><th colspan="2">允许偏差</th></tr>
<tr><th>普通级</th><th>高级</th></tr>
<tr><td rowspan="12">WH</td><td rowspan="8">热轧
（挤压）
钢管</td><td rowspan="4">公称外径
（D）</td><td colspan="2">≤54</td><td>±0.40</td><td>±0.30</td></tr>
<tr><td rowspan="2">>54 ~ 325</td><td>$S \leqslant 35$</td><td>±0.75%D</td><td>±0.5%D</td></tr>
<tr><td>$S > 35$</td><td>±1%D</td><td>±0.75%D</td></tr>
<tr><td colspan="2">>325</td><td>±1%D</td><td>±0.9%D</td></tr>
<tr><td rowspan="4">公称壁厚
（S）</td><td colspan="2">≤4.0</td><td>+15%S
−10%S</td><td>±10%S</td></tr>
<tr><td colspan="2">>4.0 ~ 20</td><td>+15%S
−10%S</td><td>±10%S</td></tr>
<tr><td rowspan="2">>20</td><td>$D < 219$</td><td>±10%S</td><td>±0.75%D</td></tr>
<tr><td>$D \geqslant 219$</td><td>+12.5%S
−10%S</td><td>±10%S</td></tr>
<tr><td rowspan="2">热扩
钢管</td><td>公称外径（D）</td><td colspan="2">全部</td><td>±1%D</td><td>±0.75%D</td></tr>
<tr><td>公称壁厚（S）</td><td colspan="2">全部</td><td>+20%S
−10%S</td><td>+15%S
−10%S</td></tr>
<tr><td rowspan="7">WC</td><td rowspan="7">冷拔（轧）钢管</td><td rowspan="5">外径
（D）</td><td colspan="2">≤25.4</td><td>±0.15</td><td>—</td></tr>
<tr><td colspan="2">>25.4 ~ 40</td><td>±0.20</td><td>—</td></tr>
<tr><td colspan="2">>40 ~ 50</td><td>±0.25</td><td>—</td></tr>
<tr><td colspan="2">>50 ~ 60</td><td>±0.30</td><td>—</td></tr>
<tr><td colspan="2">>60</td><td>±0.5%D</td><td>—</td></tr>
<tr><td rowspan="2">壁厚
（S）</td><td colspan="2">≤3.0</td><td>±0.30</td><td>±0.20</td></tr>
<tr><td colspan="2">>3.0</td><td>±10%S</td><td>±7.5%S</td></tr>
</table>

其他常用钢管标准如下：

GB/T 6479—2000 高压化肥设备用无缝钢管

GB/T 5310—2008 高压锅炉用无缝钢管

GB/T 3091—2008 低压流体输送用焊接钢管

GB/T 24592—2009 聚乙烯用高压合金钢管

GB/T 24591—2009 高压给水加热器用无缝钢管

GB/T 15062—2008 一般用途高温合金管

2.3.3.2 管件

管件是用来改变管道方向、改变管径、进行管道分支、局部加强、实现特殊连接等作用的配件。石油化工生产装置中，常用的管件有弯头、三通、异径管（大小头）、管帽、法兰、阀门、加强管嘴、加强管接头、异径短节、活接头、丝堵、仪表管嘴等等。

(1) 连接形式

管件之间、管件和管子之间常用的连接型式有四种，即对焊连接、承插焊连接、螺纹连接和法兰连接。

1) 对焊连接

它是 $DN \geqslant 50$mm 的管道及其元件常用的一种连接型式。对于 $DN < 50$mm 的管子及其元件，因为其壁厚一般较薄，采用对焊连接时错口影响较大，容易烧穿，焊接质量不易保证，故此时一般不采用对焊连接。但下列几种情况例外：

对于 $DN < 50$mm、壁厚大于等于 SCH160 等级的管道及其元件，其壁厚比较厚，采用对焊连接时前面所述的问题已不存在，故也常用对焊连接；

有缝隙腐蚀介质(如氢氟酸介质)存在的情况下，即使 $DN < 50$mm、壁厚小于 SCH160 等级，也采用对焊连接，以避免缝隙腐蚀的发生，此时在焊接施工时常采用氩弧焊焊接。

对润滑油管道，当采用承插焊连接时，其接头缝隙处易积存杂质而对机械设备产生不利影响，此时也应采用对焊连接；

2) 承插焊连接

它多用于 $DN < 50$mm、管壁较薄的管子和管件之间的连接。承插焊连接，一个是插口，另一个则为承口管件。一般异径短节、螺纹短节等为插口管件；弯头、三通、管帽、加强管嘴、活接头、管箍等为承口管件。

3) 螺纹连接

螺纹连接也多用于 $DN < 50$mm 的管子及其元件之间的连接。常用于不宜焊接或需要可拆卸的场合。

螺纹连接件有阳螺纹和阴螺纹之分。常用的管件中，螺纹短节为阳螺纹，而弯头、三通、管帽、活接头等多为阴螺纹，使用时应注意它们之间的搭配和组合。螺纹连接与焊接相比，其接头强度低，密封性能差，因此其使用时，常受一定条件的限制。

(2) 管件的作用

1) 弯头

弯头用于改变管道方向的管件。

根据改变管道方向的角度不同，常用的弯头分为45°、90°和180°三种型式。

根据弯头拐弯的曲率半径不同，又可将常用弯头分为短半径弯头($R = 1.0DN$)和长半径弯头($R = 1.5DN$)两种。一般情况下，应优先采用长半径弯头，而短半径弯头多用于尺寸受限制的场合，其最高工作压力不宜超过同规格长半径弯头的0.8倍。有时为了缓和介质在拐弯处的冲刷和动能，还可能用到 $R = 3DN$、$6DN$、$10DN$、$20DN$ 的弯管。

根据制造方法不同分为推制弯头、挤压弯头和焊制斜接弯头三种。推制弯头和挤压弯头常用于介质条件比较苛刻的中小尺寸管道上，焊制斜接弯头常用于介质条件比较缓和的大尺寸管道上，同时要求其弯曲半径不宜小于其公称直径的 1.5 倍。当斜接弯头的斜接角度大于45°时，不宜用于剧毒、可燃介质管道上，或承受机械振动、压力脉动及由于温度变化产生交变载荷的管道上。

2）三通

三通用作管道分支的管件，通常有同径三通、异径三通、Y 型三通和四通等。

3）异径管(大小头)

异径管用作管子变径的管件。通常有同心异径管和偏心异径管两种。一般情况下，以后者用得居多，因为它能实现管道变径前和变径后有一个同样的管底或管顶标高，便于支承。有时为了不希望因管子变径而形成一个集液袋或集气袋，也需要用偏心异径管。

4）管帽(封头)

管帽是用于管子终端封闭的管件。常用的管帽有平盖封头和标准椭圆封头。一般情况下，平盖封头制造较容易，价格也较低，但其承压能力不如标准椭圆封头，故它常用于 $DN \leqslant 100$、介质压力低于 1.0MPa 的条件。标准椭圆封头为一带折边的椭圆封头，椭圆的内径长短轴之比为 2∶1，它是应用最广的封头。

在很多情况下，管廊上的管子端部的管帽都由法兰和盲板代替，以便于管子的吹扫和清洗。

5）法兰

法兰是用于连接和方便拆装的管件。法兰的种类很多，不同型式的法兰，其密封性能不同，适用场合也不同。在这里仅介绍几种经常使用的法兰种类和结构型式。

管道法兰按与管子的连接方式分为以下五种基本类型：平焊、对焊、承插焊、松套、螺纹等五种型式，如图 2－1。

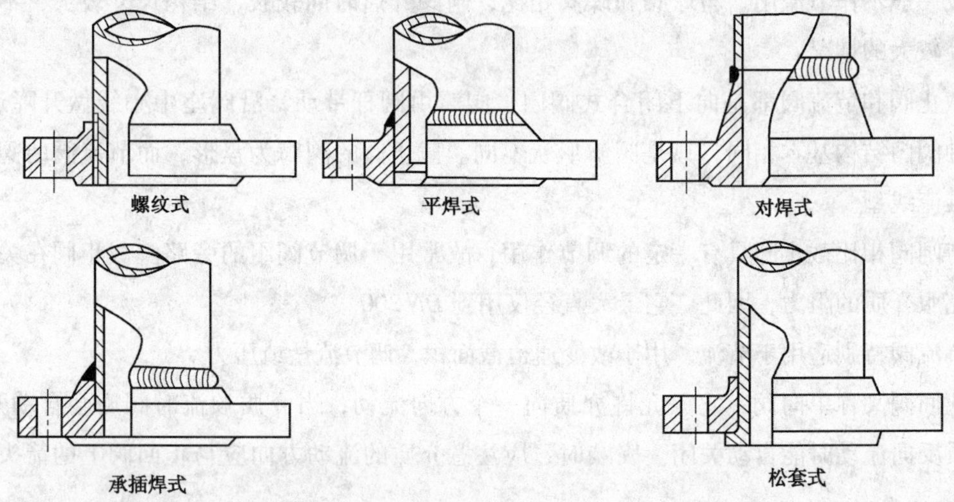

图 2－1　法兰与管子的连接方式

法兰密封面有全平面(宽面、光面)、凹凸面、榫槽面等等。见图2-2。

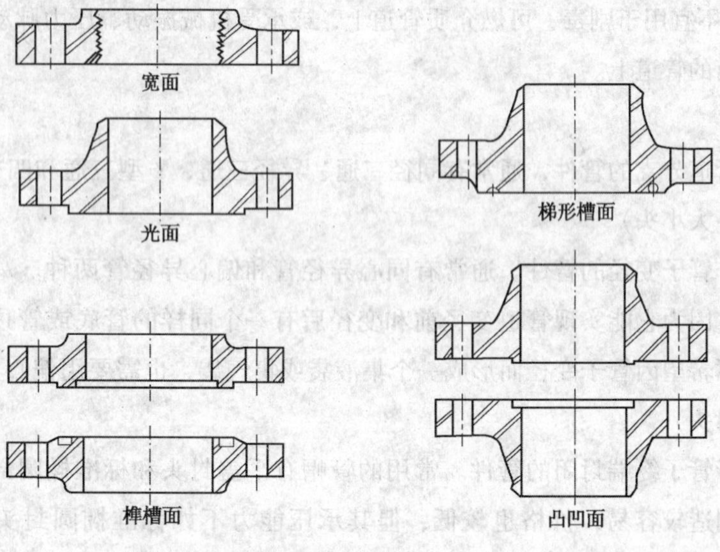

图2-2　法兰密封面型式

6）阀门

阀门用于控制流体的流量、开通或关闭管道。工程上应用的阀门种类很多，常用的阀门有闸阀、截止阀、止回阀、球阀、蝶阀、疏水阀、安全阀、调节阀等。

闸阀的闸板由阀杆带动，沿阀座密封面作升降运动，可接通或截断流体的通路，它主要用于管道的关断。

闸阀与截止阀相比，流阻小、启闭力小、密封可靠，是最常用的一种阀门。当闸阀部分开启时，介质会在闸板背面产生涡流，易引起闸板的冲蚀和振动，阀座的密封面也易损坏，故一般不作节流用。与球阀和碟阀相比，闸阀开启时间较长，结构尺寸较大，不宜用在直径较大的情况。

截止阀和节流阀都是向下闭合式阀门，阀瓣由阀杆带动，沿阀座中心线做升降运动。这两种阀门结构基本相同，只是阀瓣形状不同。截止阀的阀瓣为盘形，而节流阀的阀瓣多为圆锥流线型。

与闸阀相比截止阀具有一定的调节作用，故常用于调节阀组的旁路。截止阀在关闭时需要克服介质的阻力，因此，它最大直径仅用到 *DN* 200。

节流阀特别适用于节流，用于改变通道截面积，调节流量或压力。

止回阀又称单向阀，它只允许介质向一个方向流动，当介质顺流时阀瓣会自动开启，当介质反向流动时能自动关闭。安装时，应注意介质的流动方向应与止回阀上的箭头方向一致。

蝶阀具有90°旋转快速开启关闭的特点，质量轻，结构尺寸小(尤其是对夹式蝶阀)等优点。但密封性能不如闸阀可靠，在某些条件下可以代替闸阀。

球阀阀瓣为一中间有通道的球体，球体绕自身轴线作90°旋转，达到启闭目的。球阀的最大特点是在众多的阀门类型中其流体阻力最小，流动特性最好。其密封性能较可靠。与蝶阀相比，它的质量较大，结构尺寸也比较大，故不宜用于直径太大的管道。

2.4 管道焊接与热处理知识

焊接在石油化工管道施工中具有重要地位，焊接质量直接影响管道的使用寿命，关系着石化装置的安全运行。对于无损检测人员来说，了解管道焊接的工艺过程有助于缺陷判断。

2.4.1 焊接方法

装置内工艺管道和长输管道焊接方法有所不同，一般装置内工艺管道焊接采用上向焊技术，长输管道焊接采用下向焊技术。工艺管道对接焊缝最常用的方法是采用氩弧焊打底、手工电弧焊盖面，对于直径不大于100mm，厚度不大于4mm的焊缝也经常采用全氩弧焊焊接。由于石化装置规模不断扩大，管道焊接的工作量也越来越大，建立工厂化管道深度预制基地，采用自动化焊接，能有效提高生产效率和焊接质量。长输管道对接焊缝采用纤维素焊条下向焊、药芯焊丝自保护半自动下向焊、活性气体保护自动焊，或是上述三种方法的组合。下面就几种最常用的焊接方法进行介绍。

(1) 氩弧焊(GTAW)

氩弧焊分为非熔化极钨极氩弧焊和熔化极氩弧焊。

碳钢及合金钢管道，一般采用非熔化极钨极氩弧焊焊接，有色金属一般采用熔化极氩弧焊焊接。

氩弧焊焊接电流较小，用于根部打底焊接时，容易控制根部焊缝表面的成形，焊接质量较高。因此氩弧焊焊接工艺在石化管道施工中被广泛应用。现行石化管道施工规范均要求采用氩弧焊打底，以保证根部全焊透和具有良好的内表面质量。对于小径管和薄壁管也常采用全氩弧焊焊接，即打底和盖面均采用氩弧焊焊接。

氩弧焊采用惰性气体氩气作为保护气体，焊接时在电弧周围充以氩气形成连续封闭气流，隔绝电弧和熔池与外界空气的联系，使其不受侵害，氩气在高温下也不与金属发生化学反应，且不溶于液态金属，因此焊接质量较高。

对于不锈钢、钛材、锆材、铝材管道打底焊接时，均采用管内焊缝根部局部充氩，保护焊缝根部不被氧化。图2-3是现场经常使用的一种充氩方法，将带有两端密封胶皮(或胶带纸封蔽海棉)的封堵，中间有氩气出孔的充氩工具，置于组对焊缝两侧，外接软管与氩气瓶相接。在焊接初期，先用胶布将未进行打底焊接的部位密封，防止氩气流失，保证管内的氩气纯度和一定的压力，否则充氩保护不好，焊接时会产生根部氧化，使焊缝根部抗腐蚀性能降低。

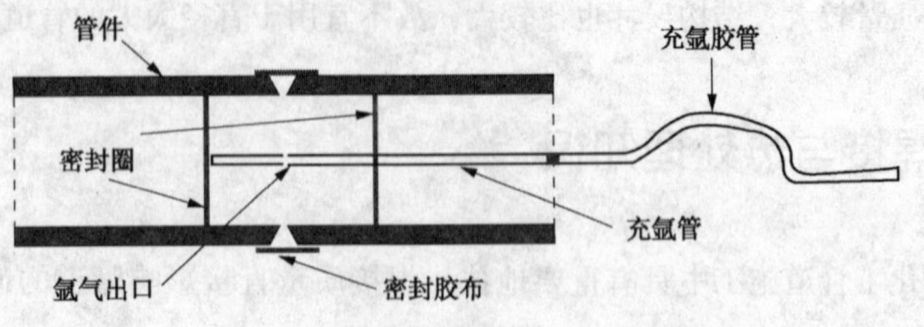

图 2－3　预制阶段充氩保护示意图

对于现场组焊的不锈钢固定口，由于管子两端延伸较长，焊接时不能给整根管线充氩，目前常用两种方法保证不锈钢固定焊口的根部焊接质量：

1）采用药芯焊丝或药剂焊丝氩弧焊工艺，其效果能达到根部保护的要求。药芯焊丝或药剂焊丝价格较贵，增加了施工成本，管道内部会产生少量焊渣，目前这种技术在施工中应用较广。

2）采用可溶性纸预先将焊缝两侧堵塞，使充氩空间控制在一定范围内（见图 2－4），这样达到对焊缝充氩保护的目的，可溶性纸在水压试验时溶于水中分解，水压结束后随试压水排出。目前这种技术由于操作时经常发生局部保护不好而产生氧化现象，因此应用范围逐渐减少。

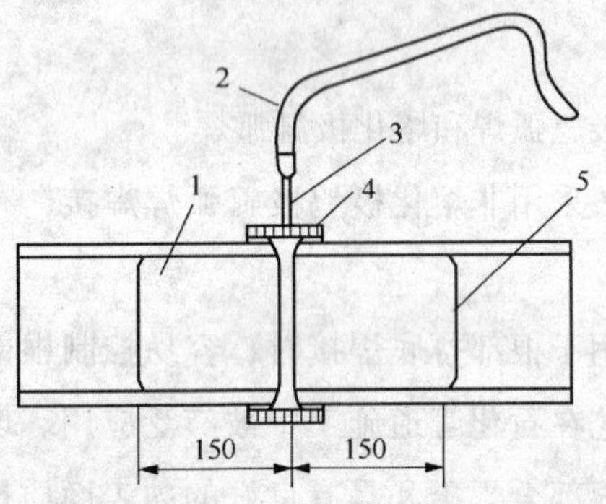

图 2－4　固定口充氩（水溶性纸）保护示意图

1—氩气；2—充氩软管；3—充氩针头；4—胶布；5—水溶性纸

氩弧焊的优点：

1）适用各种钢材及有色金属，焊接质量优良；

2）电弧在保护气流压缩下燃烧，热量集中，熔池小、热影响区小、焊接变形小；

3）电弧稳定，焊缝致密，成型美观。

氩弧焊的缺点：

1）氩气成本高；

2）氩弧焊设备和控制系统比较复杂，钨极氩弧焊的生产效率较低。

(2) 手工电弧焊(SMAW)

手工电弧焊是利用焊条与焊件之间的电弧热，将焊条及部分焊件熔化而形成焊缝的焊接方法。焊接过程中焊条药皮熔化分解生成气体和熔渣，在气体和熔渣的共同保护下有效地排除了周围空气对熔化金属的有害影响。在高温下熔化金属与熔渣间的冶金反应，还原并净化焊缝金属，从而得到优质的焊缝。

手工电弧焊是石化管道工程施工中应用最为广泛的一种焊接方法。

手工电弧焊的优点：

1）它能适应所有的焊接位置，操作灵活方便。手工电弧焊可以用于各种钢材的焊接。

2）手工电弧焊的缺点：

3）对焊工操作技能要求高，焊工的劳动强度大，生产效率较低。

(3) 埋弧自动焊(SAW)

埋弧自动焊是一种机械化操作，焊接时电弧埋在焊剂层下燃烧并实施焊接，工件与电弧熔池在机械传动机构控制下进行相对恒速移动，形成规则的焊缝。根据焊丝的熔化速度送丝机构自动进行焊丝送进，焊接电流、焊丝送进速度及相对移动的精确性是保证焊接质量的关键。

大型管道预制厂一般采用埋弧自动焊进行管道预制焊接。

埋弧自动焊效率高，质量好，减轻了焊工的劳动强度。

(4) 长输管道的焊接技术

随着石油天然气及石油化工工业的发展，以西气东输工程为标志，我国的长输管道建设高峰期已经到来。长输油气管道越来越趋向大口径、高压力输送。因此，为了提高工作效率，应用了全纤维素型、混合型、复合型3种手工下向焊技术及活性气体保护、药芯焊丝自保护两种半自动下向焊技术和全自动活性气体保护焊与全自动药芯焊丝下向焊技术。下向焊技术焊接效率高，焊缝内外成型美观，焊接合格率高。

1）手工下向焊技术

手工下向焊技术与传统的上向焊相比具有焊缝质量好、电弧吹力强、挺度大、打底焊时可以单面焊双面成型、焊条熔化速度快、熔敷率高等优点，被广泛应用于长输管道工程建设中。

2）半自动下向焊技术

半自动焊技术在长输管道建设中应用广泛，半自动焊具有生产效率高、焊接质量好、经济性好、易于掌握等优点。半自动下向焊技术主要分为两种操作方法：药芯焊丝自保护半自动下向焊和CO_2活性气体保护半自动下向焊。

(a) 药芯焊丝自保护半自动下向焊技术

该技术采用半自动送丝机构输送焊丝，焊丝中间包裹药剂，焊接时焊丝与坡口之间形成电弧并将焊丝和坡口熔化，药剂对焊缝熔池起到保护作用。药芯焊丝半自动焊适用于各种位置的焊接，效率高 药芯焊丝把断续的焊接过程变为连续的生产方式，焊熔敷量大，接头少，熔化速度比纤维素手工下向焊提高 15% ~20%，焊渣薄，脱渣容易，减少了层间清渣时间。

(b) CO_2活性气体保护半自动下向焊技术

CO_2气体保护焊是采用半自动送丝机构输送焊丝，将焊丝作为熔化极与工件产生电弧并形成熔池，CO_2气体对熔池形成保护层，防止空气进入，焊丝不断熔化并填充熔池形成焊缝。CO_2气体保护焊是一种廉价、高效的焊接方法。CO_2半自动焊采用波形控制技术的 STT 型 CO_2半自动焊机，保证了焊接过程稳定，焊缝成形美观，显著降低了飞溅，减轻了焊工劳动强度。

(c) 全自动 CO_2气体保护下向焊技术

管道全自动气体保护焊技术，采用自动送丝机构输送焊丝，将焊丝作为熔化极与工件产生电弧并形成熔池，CO_2气体对熔池形成保护层，防止空气进入，焊枪移动的速度与焊丝熔化的速度相匹配，焊丝不断熔化并填充熔池形成焊缝。由于熔化极气体保护焊时焊接区的保护简单，焊接区域易于观察，生产效率高，焊接工艺相对简单，便于控制，容易实现全位置焊接。

2.4.2 焊接位置

(1) 水平转动焊接(代号为 1G)

管道预制期间大部分焊口在焊接时可以根据焊接需要移动或转动，使其处于最佳焊接操作位置，有利于提高焊接质量。

水平转动口焊接时，管子处于水平位置，可以根据焊接情况进行转动，使其一直处于焊接操作最佳位置，即接近平焊的位置，焊接质量最易于保障，如图 2－5 所示。

(2)水平固定焊接(代号为 5G)

管子处于水平位置，焊接时管子不动，焊工要不断变换焊接位置，整道焊缝涉及三种焊接位置，即上部为平焊，下部为仰焊，两侧为立焊。焊接时熔池铁水受重力作用会自然下坠，在各个焊接位置都会产生一定的作用。在平焊位置焊接时因铁水下坠易出现根部凸出过高或形成焊瘤，且焊瘤中易产生气孔；在仰焊部位因铁水下坠易产生内凹和未焊透；在立焊位置因铁水下淌导致焊缝波纹粗糙及内外表面焊缝成型不易控制。因此水平固定焊口具有相当的焊接难度。水平固定口焊接示意图见图 2－6。

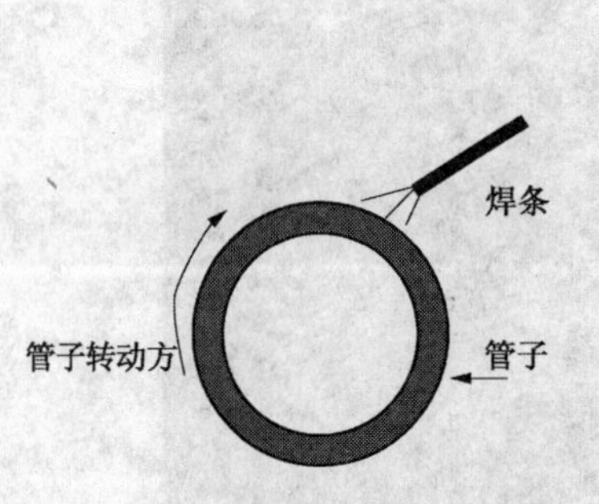

图2-5　管子水平转动(1G)焊接示意图

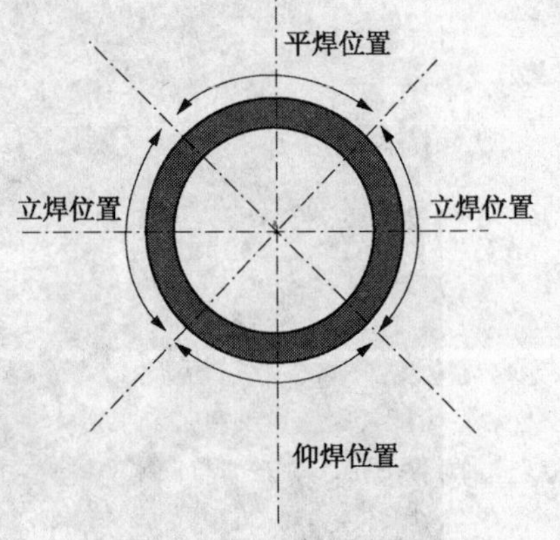

图2-6　管子水平固定(2G)焊接示意图

(3) 垂直固定焊接(代号为2G)

管子处于垂直位置(如图2-7)，焊接时管子不动，焊工围绕焊缝进行横向焊接。横焊位置焊接时，铁水受重力作用，上部坡口易出现未熔合、咬边等缺陷，焊接每层之间如果清理不好易产生夹渣。焊缝表面横排波纹比较粗糙。

(4) 45°固定焊接(代号为6G)

管道45°倾斜固定焊接(如图2-8)。这种位置焊接难度最大，综合了2G(垂直固定)和5G(水平固定向上焊)的难度，焊工通过6G考试后可以施焊1G(水平转动)、2G和5G位置。

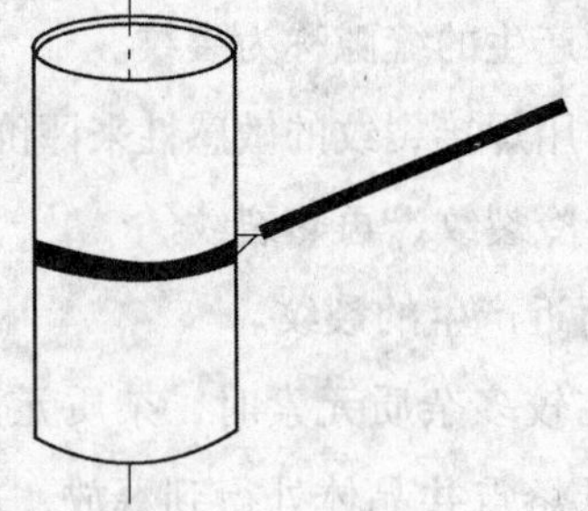

图2-7　垂直固定(2G)焊接示意图

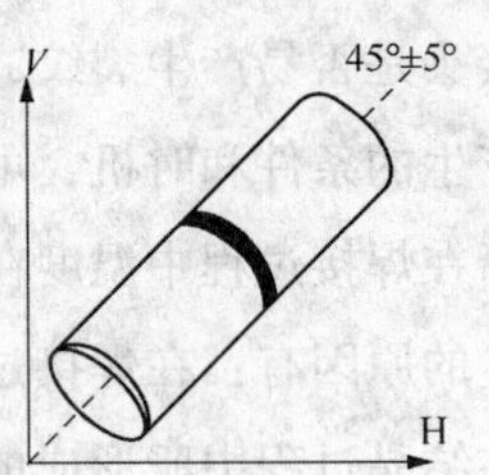

图2-8　45°固定焊接(6G)示意图

(5) 对流炉管焊接

加热炉对流炉管固定口焊接是一个难点，其弯头角度为180°，位置如图2-9所示，焊接时每道焊口之间间隔很小(一般为100mm左右)，焊工操作空间狭小，控制极其困难，如果存在超标焊接缺陷，返修难度非常大，对于根部缺陷，角向磨光机也不易打磨清除，很难一次将缺陷清除干净。

对流炉管焊接组装工序是：先焊接最上一排180°弯头，无损检测合格后再焊接第二排，如果有超标缺陷则进行返修，返后进行无损检测，合格后才能进行下一排焊缝的焊接。

图 2-9　加热炉对流炉管固定口布置照片

2.4.3　各种缺陷的产生原因及缺陷对焊缝性能的影响

在焊接过程中经常出现的焊接缺陷有：裂纹、未熔合、未焊透、夹渣、气孔、内凹、咬边、焊瘤、烧穿等。下面就各种缺陷对焊缝强度产生的影响，以及缺陷的产生原因和防止措施进行分析和表述。

1. 裂纹

金属原子间的结合遭到破坏，形成新的界面而产生的缝隙称为裂纹。

评价焊接接头是否易产生裂纹，在焊接专业常用焊接裂纹的敏感性来评价。

裂纹按其产生的条件和时机，可分为热裂纹、冷裂纹、再热裂纹。

热裂纹是指在焊接过程中温度在"固—液"线附近产生的裂纹。

热裂纹产生的原因有：在焊接过程中，当存在较多杂质元素时，杂质元素形成低熔点共晶体，熔池在结晶过程中所形成的收缩应力在低熔点共晶体处得到释放，从而形成低熔点共晶体沿晶间开裂。焊接含 Ni 量较高且较厚的低温钢(如厚度 20mm 以上的 2.5% Ni、3.5% Ni、9% Ni 钢)时，容易产生热裂纹。10mm 以下的钢板不易产生热裂纹。常见的弧坑裂纹是热裂纹，横向裂纹大多是热裂纹。

冷裂纹是指焊后冷至马氏体转变温度 M_3点以下产生的裂纹，一般是在焊后一段时间(几小时、几天甚至更长)才出现，故又称延迟裂纹。

冷裂纹产生的原因：淬硬组织、应力和扩散氢的存在是引起冷裂纹的主要因素。在焊接过程中，当冷却速度较大时，热影响区会出现贝氏体和大量马氏体组织。尤其当形成粗大的马氏体时，其缺口敏感性增加，脆化严重，在焊接应力的作用下极易产生裂纹。

由于扩散氢的富集在淬硬脆化区引起微裂纹，裂纹尖端形成的三向应力区诱导氢富集，使微裂纹扩展成为宏观裂纹。

延迟裂纹倾向大的材料主要是指低合金高强度钢。随着强度级别的提高，合金元素的增加，其淬硬倾向逐渐增大，发生延迟裂纹的倾向增加。

延迟裂纹的产生更主要的因素是来自焊接应力，经验证明，材质厚度越大，产生的焊接应力越大，形成裂纹的几率越高。

对特定的材料而言，其裂纹敏感性并非一成不变，如20#钢，当$\delta <25$mm时，不需预热，不易产生裂纹，当$\delta \geqslant 100$mm时，则具有高度的裂纹敏感性，必须预热到一定温度，否则极易产生裂纹。

(1) 裂纹的预防

在工程中经常使用裂纹敏感指数来评估焊接裂纹的敏感性，并且根据裂纹敏感指数确定焊接预热温度，防止裂纹的产生。

冷裂纹敏感指数计算见公式(2-2)，按化学成分计算的冷裂纹敏感指数见公式(2-3)。

$$P_c = P_{cm} + [H]/60 + \delta/600 \quad (2-2)$$

$$P_{cm} = C + Si/30 + Mn/20 + Cu/20 + Cr/20 + Ni/60 + Mo/15 + V/10 + 5B \quad (2-3)$$

式中 P_c——裂纹敏感指数；

P_{cm}——化学成分的冷裂纹敏感指数,%；

[H]——熔敷金属中扩散氢含量，mL/100g；

δ——被焊金属板厚，mm。

为了防止冷裂纹的产生，根据裂纹敏感指数确定焊接预热温度。

预热温度(℃)计算见公式(2-4)。

$$T_0 = 1440P_c - 392 \quad (2-4)$$

应用条件：斜Y形坡口试件，适于C≤0.17%的低合金钢，[H]=1~5mL/100g,，δ=19~50mm。

P_{cm}适用范围：C 0.07%~0.22%；Si 0~0.60%；Mn 0.40%~1.4%；Cu 0~0.50%；Ni 0~1.20%；Mo 0~0.70%；V 0~0.12%；Nb 0~0.04%；Ti 0~0.50%；B 0~0.005%。

标准规定，有延迟裂纹倾向的材料，无损检测应在焊接完成24h后进行。

再热裂纹是指焊接接头冷却后再加热至500~700℃时产生的裂纹。

再热裂纹产生于沉淀强化材料(如含Cr、Mo、V、Ti、Nb的金属)焊接热影响区内的粗晶区，一般从熔合线向热影响区的粗晶区发展，呈晶间开裂特征。再热裂纹多发生在低合金高强度钢焊后消除应力热处理时。

试验证明，我国的16MnR、15MnVR、15MnVNR等钢种对再热裂纹不敏感；18MnMoNb只是有轻微的敏感性。但是日本的CF62钢和我国的07MnCrMoVR、07MnNiCrMoVDR有一定的再热裂纹倾向，特别是较厚的钢板，为了增加厚度方向的淬透性而加入微量硼，更增加了再热裂纹的敏感性。

为防止再热裂纹，工程上除对焊接时进行适当的预热和后热处理外，采取的措施主要是在焊后消除应力热处理时避开再热裂纹的敏感温度区，例如，07MnCrMoVR的敏感温度为650℃，为避免再热裂纹，热处理温度选580℃。

经验证明，奥氏体不锈钢焊缝厚度达到30mm及以上时，如果进行稳定化处理后极易产生裂纹。

标准规定，有再热裂纹倾向的焊接接头应在热处理后进行一次表面无损检测。

在实际工作中，较大壁厚的容器和管道在制造过程中，易产生焊接裂纹，应严格执行焊接工艺，焊前预热、焊后及时热处理。

GB 50517—2010《石油化工金属管道工程施工质量验收规范》(条文说明)中对管道常用具有延迟裂纹和再热裂纹倾向的材料牌号进行说明如下：

管道焊接接头的延迟裂纹和再热裂纹倾向除与材料牌号、厚度本身有关外，还与焊接时的焊缝拘束度有关，对具有延迟裂纹和再热裂纹倾向的材料在施工过程认真执行焊接工艺文件的规定是非常重要的。表2-4列出管道常用具有延迟裂纹和再热裂纹倾向的材料牌号，供使用时参考。

表2-4　管道常用具有延迟裂纹和再热裂纹倾向的材料牌号

材料牌号	有延迟裂纹倾向	有再热裂纹倾向
15CrMo	—	△
15CrMoG	—	△
12Cr2Mo	△	△
10MoWVNb	△	△
12Cr1MoV	△	△
1Cr5Mo	△	△
15CrMoR	—	△
14Cr1MoR	△	△
12Cr2Mo1R	△	△
14Cr1Mo	—	△
12Cr2Mo1	△	△
ZG15CrMoG	—	△
ZG12Cr2Mo1G	△	△
ZG16Cr5MoG	△	△
Q345	△	—

续表

材料牌号	有延迟裂纹倾向	有再热裂纹倾向
25MnG	△	—
22MnG	△	—
16MnDG	△	—
06Ni3MoDR	△	—
16MnDR	△	—
09MnNiDR	△	—
16MnD	△	—
09MnNiD	△	—
LCB	△	—
LC3	△	—

注：△表示具有该倾向。—表示不具有该倾向。

该表未对裂纹敏感性的厚度范围进行说明，实际工作中当厚度较薄时，裂纹敏感性很小。如 Q345、16MnD、16MnDR、16MnDG 等材料，在厚度 30mm 以下时很难开裂。

（2）裂纹缺陷对焊缝质量的影响

裂纹是焊接缺陷中危害最为严重的一种缺陷。裂纹是面积型缺陷，降低了焊缝的有效受力面积，其端部尖锐，在应力的作用下易于扩展。冷裂纹具有延迟特性和快速脆断特性，带来的危害最大。

（3）管道焊缝产生裂纹的主要原因

1）焊接材料用错，或焊条杂质超标，氢含量过高；

2）焊接工艺不合适或未严格按工艺进行焊接；

3）焊接应力过大，热处理不及时；

4）材料强度过高，工件厚度过大，刚性过强；

5）有淬硬组织存在。

（4）裂纹的防止措施

1）加强材料管理和监督检查，防止材料用错。用错焊接材料是产生焊接裂纹的主要原因。因此，要求施工、监理和建设单位必须加强原材料的管理，对合金材料及其焊缝采用光谱检测，及时发现和纠正材料错用，消除质量隐患；

2）焊条用前进行烘干，使用过程中进行保温防潮；

3）选择评定合格的焊接工艺，并严格执行；

4）对于铬钼合金钢材料、厚壁焊缝、标准抗拉强度大于 540MPa 或屈服强度大于 490MPa 的材料，严格执行焊前预热、焊后后热和及时热处理的焊接工艺，同时加强预热、后热及热处理温度的监控测量；

5）科学评价焊接缺陷及缺陷返修对焊缝质量的影响。返修不当会造成焊接应力过大而开裂，从而 使焊缝组织受到破坏，奥氏体不锈钢焊缝会因返修而降低抗腐蚀能力，因此要减少不必要的返修。

通过上述分析，各种材料在焊接前均应进行焊接工艺评定试验，选择最能保证焊接质量的施焊工艺，焊工严格执行焊接工艺，就能有效防止裂纹的产生。

2. 未熔合

未熔合是指焊缝金属与母材金属，或焊缝金属之间未熔化在一起而形成的缺陷。如图2－10所示。

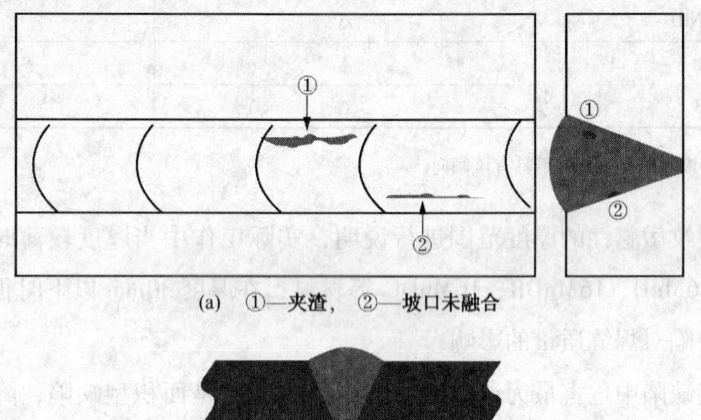

(a) ①—夹渣，②—坡口未融合

(b) 根部未融合

图2－10 管道焊缝单面焊接夹渣和根部未熔合缺陷示意图

（1）未熔合缺陷对焊缝质量的影响

未熔合一般呈面状，且端部尖锐，在较大应力作用下会沿尖锐的端部扩展，其危害性与裂纹相似。具有非尖锐端部的体积状未熔合（如坡口熔合线上形成的含夹渣的未熔合，坡口侧是直边）其对焊缝质量的影响与夹渣相同，在根部形成的较钝的单边未熔合也不具有类似裂纹的危害性，其性质与未焊透相同。

管道焊缝未熔合主要产生在焊缝的根部，主要是根部钝边未熔合，对于壁厚30mm以上的焊缝也时常发现坡口未熔合。

（2）未熔合产生的原因

1）焊接电流过小，或焊接速度过快；

2）焊条运行角度不对；

3）磁偏吹影响；

4）坡口有油污或有氧化物，影响熔敷金属与母材间的熔化结合。

（3）未熔合的防止措施

1）选择较大的焊接电流，控制焊接速度不要过快；

2）控制焊条运行角度；

3）选择交流代替直流防止磁偏吹；

4）焊前清理坡口表面污物和锈蚀，保持坡口清洁。

3. 未焊透

未焊透是指母材金属未熔化，焊缝金属未进入接头根部的现象。

管道焊缝未焊透分为(两侧钝边)未焊透和单(侧钝)边未焊透，见图2－11。

(a)未焊透　　(b)单边未焊透

图2－11　管道焊缝未焊透缺陷示意图

（1）未焊透缺陷对焊缝质量的影响

1）未焊透减少了焊缝的有效截面积，在缺陷部位产生应力集中，有可能成为裂纹源，在应力的作用下产生裂纹而造成事故。

2）对于传输腐蚀性介质的管道，介质会在未焊透部位形成涡流，增加腐蚀速度，从而降低管道的使用寿命。

（2）产生未焊透的原因

1）焊接电流过小，熔深浅；

2）组对间隙太小，钝边过大；

3）磁偏吹影响；

4）焊根清理不良；

5）焊接位置和操作条件不良。

（3）未焊透的防止措施

1）调整好组对间隙和控制好钝边尺寸；

2）控制合适的焊接电流和采用短弧等措施；

3）对于产生磁偏吹的材料，焊接电流选择交流代替直流可以防止和减轻磁偏吹的影响。

4. 错口

错口也称错边。是指管道在厚度方向错开一定位置，见图2－12。

图2－12　管道错口示意图

(1)错口对焊缝质量的影响

错口对焊缝质量有一定影响，标准规范对错口也有一定要求，在不超过规定允许的范围内是可以接受的。GB/T 20801.4—2006 标准规定，对于钢管内壁错边量不得超过壁厚的10%，且不得超过2mm。

在管道施工过程中，由于管子和管件(弯头、三通、法兰、阀门等)加工制造工艺及生产厂家的不同，规格尺寸会有所偏差(厚度差、椭圆)，在组对焊接时整道焊缝局部有时会出现错边现象。

(2)错口产生的原因

1）错口主要原因是组对的两个管件尺寸有偏差、不圆度超标；

2）组对前未按规范要求对管壁较厚的管件进行坡度加工；

3）管件组对不同心，强力组对。

(3) 错口的防止措施

1）选用规格尺寸符合要求的管件；

2）按施工规范要求对不等厚管件中的较厚管件进行适当的坡度加工，使其匹配；

3）保证管件组对的同心度，不强力组对；

4）焊前焊工对组对情况进行验收，不满足要求不进行焊接。

5. 咬边

咬边是指沿焊缝边缘与母材相接部位形成的凹陷或沟槽，见图2-13。它是由电弧将焊缝边缘的母材熔化后没有得到熔敷金属的充分补充和熔池从液态变为固态收缩留下的缺口。管道根部内咬边是由于熔敷金属收缩所致。一般深度不大，长短不一。

图2-13　咬边示意图

外表面咬边由外观检查可以发现，内表根部咬边用射线检测能发现，对于深度较大的咬边超声检测也可以发现，回波高度不会很高，其反射波位置与未焊透相同。

(1)咬边对焊缝质量的影响

咬边位于焊缝的边缘，减少了焊接接头的有效截面积，在一定程度上使焊缝形成应力集中。

(2)咬边产生的原因

1）焊接电流过大；

2）焊接位置不佳(在立焊、横焊、仰焊位置易产生咬边)；

3）焊工操作不当。

(3) 咬边的防止措施

1) 选择合适的焊接电流;

2) 控制焊接角度和运弧方式。

6. 内凹

管子水平固定口焊接时，在仰焊部位易产生凹陷(俗称内凹)，如图 2-14 所示。

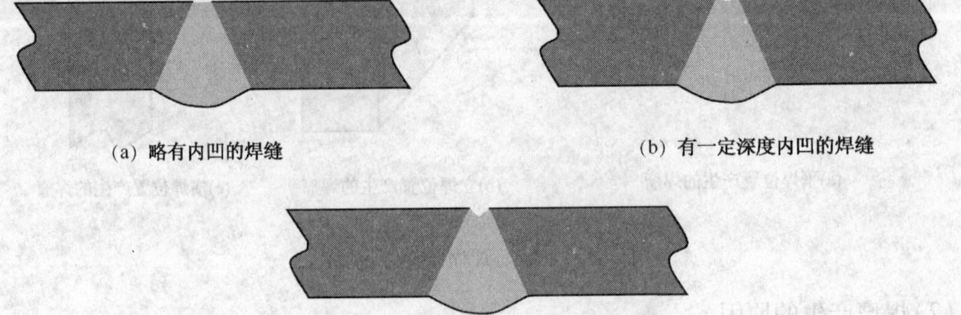

(a) 略有内凹的焊缝　(b) 有一定深度内凹的焊缝　(c) 内凹较深的焊缝

图 2-14　内凹缺陷示意图

(1) 内凹对焊缝质量的影响

当内凹圆滑过渡，且焊缝截面积不少于母材的截面积时，不会产生应力集中，对焊缝质量影响不大，是可以接受的，如图 2-14(a)和图 2-14(b)所示。当焊缝内凹较深，形成非圆滑过渡，焊缝截面积少于母材，则形成应力集中区，如图 2-14(c)所示。

(2) 内凹产生的原因:

内凹一般发生在仰焊部位，这是由于焊接时，熔化的铁水受重力作用，向下坠淌所致。焊接电流越大，产生的内凹会越深。

(3) 防止内凹的措施:

1) 改变焊接位置(如有可能)，将仰焊改为平焊或其他位置焊接，可防止内凹的产生;

2) 采用氩弧焊打底焊接工艺和小电流焊接，有利于减小内凹深度;

3) 手工电弧焊时采用灭弧焊(控制很短的电弧长度，断续焊接，铁水熔化一点即灭弧，待其刚好凝固后再引弧，之后再灭弧，这样反复焊接，使其熔池的铁水不能下淌，使内表平齐或略有内凹)。

7. 焊瘤

焊瘤多产生在单面焊的焊缝内表面和背面。如图 2-15 所示。

焊瘤易产生在平焊部位，立焊和横焊位置控制不好也会产生，仰焊部位不会产生焊瘤，但易形成焊缝余高过高。

(1)焊瘤对焊缝质量的影响

焊瘤过高会阻碍传输介质通过，影响传输效率，严重者会造成管道堵塞。焊瘤过高流体易形成涡流增加局部腐蚀速度。

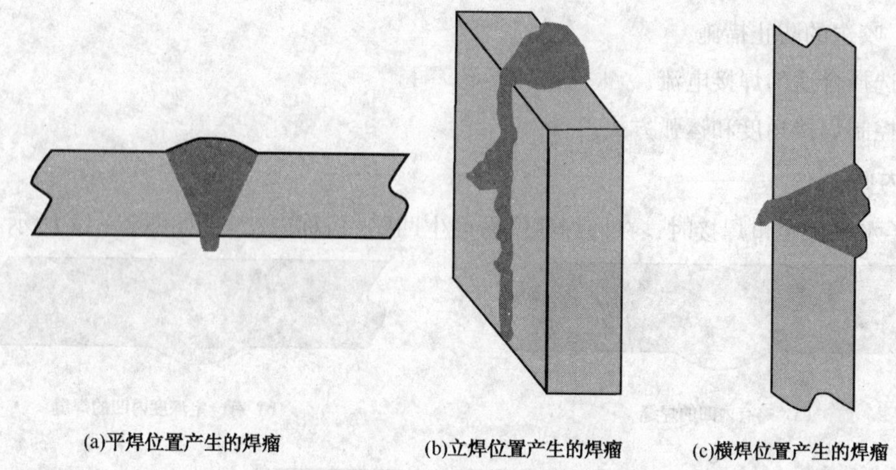

图 2－15　焊瘤缺陷示意图

(2)焊瘤产生的原因

单面焊(平、立、横位置)时因铁水受重力作用下坠，当电流过大时，会使焊缝根部熔池过大，铁水不能极时凝固而下淌形成焊瘤。有时第一层氩弧焊打底成型良好，但第二层手工电弧焊焊接时，电流过大或焊接速度过低造成熔深过深，铁水下坠导致焊瘤的产生。

(3)焊瘤的防止措施

1）控制焊接电流不能过大；

2）控制焊接速度不能太低；

3）选择具有该位置焊接技能的焊工。

8. 烧穿

烧穿是指在焊接过程中，熔化金属自坡口背面流出，形成穿孔的缺陷。

在管道焊接过程中，在上半部分烧穿易形成焊瘤，下半部分烧穿易形成穿孔或凹坑。

(1）烧穿对焊缝质量的影响：

烧穿缺陷如果形成焊瘤，则会降低管道流通的有效截面积，增加传输阻力，对于腐蚀性介质，在焊瘤的一侧形成涡流，增大腐蚀速度。烧穿缺陷如果形成凹坑，则降低了焊缝的有效截面积，从而降低了焊缝的总体强度，形成应力集中，对焊缝有不良影响。

(2）烧穿产生的原因：

1）根焊厚度不够，电流偏大；

2）熔池深度过高，焊接速度过慢；

3）焊条(焊丝)角度不当；

4）送丝速度没有控制好，出现窜丝现象，造成焊丝穿透熔池在要部形成烧穿。

(3)防止烧穿的措施：

1）保证要焊厚度，合理调整焊接电流；

2）控制熔池温度不能过高，可以适当提高焊接速度；

3）调整好送丝机，控制送丝速度，防止出现窜丝现象；

4）平焊和仰焊时严格控制熔池温度不宜过高，尽量采用短弧焊，正确调整焊丝角度。

9. 气孔

气孔是指焊接时，熔池中的气体未在金属凝固前逸出，残存于焊缝中所形成的空穴。其气体可能是熔池从外界吸收的，也可能是焊接冶金过程中反应生成的。

气孔从形状上分，有球状气孔，条虫状气孔；从数量上可分为单个气孔和群状气孔。群状气孔又分密集状气孔和链状分布气孔。气孔在焊缝中的分布示意见图2－16。

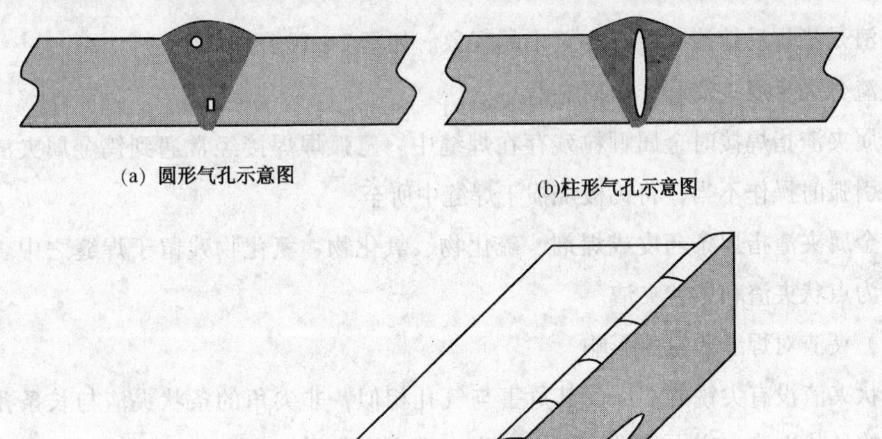

图2－16　气孔在焊缝中的分布示意图

（1）气孔对焊缝质量的影响

气孔减少了焊缝的有效截面积，在一定程度上降低了接头的强度。由于气孔一般呈圆形或椭圆形，与焊缝金属不形成尖锐的应力集中点，一般对焊缝质量影响不大。但是，标准对直径较大的气孔和贯穿性气孔有严格的限制。

（2）气孔产生的主要原因

常温固态金属中气体的溶解度只有高温液态金属中气体的溶解度的几十分之一至几百分之一。熔池金属在凝固过程中，有大量的气体从金属中逸出来。当金属凝固速度大于气体逸出速度时，就形成气孔。气孔产生的主要原因如下：

1）母材或填充金属表面有锈蚀或油污等，焊条或焊剂未烘干会增加气孔量。锈蚀、油污及焊条药皮、焊剂中的水分在高温下分解产生气体；

2）焊接线能量过小，熔池冷却速度过快，不利于气体逸出；

3）焊缝金属脱氧不足也会增加氧气孔。

（3）防止产生气孔的措施：

1）清除焊丝、坡口及其附近表面的油污、铁锈、水分和杂物；

2）采用碱性焊条、焊剂，并进行烘干；

3）采用直流反接，并用短弧施焊；

4）焊前预热，减缓冷却速度；

5）采用较大电流施焊。

10. 夹渣

夹渣是指焊后熔渣残存在焊缝中的现象。如图 2－10 所示。

夹渣分为金属夹渣和非金属夹渣。

金属夹渣指焊接时金属颗粒残存在焊缝中。氩弧焊焊接经常遇到钨金属夹渣，这是由于钨极引弧时操作不当，将钨极烧损于焊缝中所至。

非金属夹渣指焊条药皮或焊剂、硫化物、氧化物、氮化物残留于焊缝之中。夹渣按形状可分为点状夹渣和条状夹渣。

（1）夹渣对焊缝质量的影响

点状夹渣没有尖锐的端部，其危害与气孔相似，非尖角的条状夹渣与长条孔相似，带有尖角的条状夹渣在应力的作用下会产生尖端应力集中，当应力过大时有可能沿尖端发展为裂纹源。

（2）夹渣产生的原因

1）坡口角度不合理；

2）坡口有污物；

3）多层焊时层间清渣不彻底；

4）焊接线能量过小；

5）焊缝散热过快导致熔池凝固过快；

6）焊条药皮、焊剂化学成分不合理，熔点过高，冶金反应不完全，脱渣性不好；

7）手工焊时焊条摆动不正确，不利于熔渣上浮；

8）钨极气体保护焊时，电源极性不当，电流密度过大，钨极熔化脱落于熔池中产生钨夹渣。

（3）防止夹渣产生的措施

1）选择合适的坡口尺寸；

2）清理焊丝、坡口及其附近母材区域的污物，保持清洁；

3）选择合适的焊接电流；

4）选择药皮成份和脱渣性好的焊条；

5）调整钨极气体保护焊的极性和控制焊接电流。

2.4.4 焊前预热及焊后热处理

2.4.4.1 焊前预热和焊后热处理的目的

a）焊前预热有利于降低焊缝熔池的冷却速度，防止未熔合缺陷的产生、防止焊缝淬硬组织的产生，防止产生过大的焊接应力。

b）焊后热处理是消除焊接及组对应力，提高焊缝的组织均匀性，提高材料抗应力腐蚀能力。

为达到上述目的，GB/T 20801.4—2006 标准对焊前预热和焊后热处理提出了具体要求。详见表 2－5。

表 2－5 焊前预热要求

母材类别	较厚件的名义厚度/mm	规定的母材最小抗拉强度/MPa	最低预热温度/℃	
			规定	推荐
碳钢(C) 碳锰钢(C－Mn)	<25	≤490	—	10
	≥25	全部	—	80
	全部	>490	—	80
合金钢 (C－Mo、Mn－Mo、Cr－Mo) Cr≤0.5%	<13	≤490	—	10
	≥13	全部	—	80
	全部	>490	—	80
合金钢(Cr－Mo)0.5% <Cr≤2%	全部	全部	150	—
合金钢(Cr－Mo)2.25% ≤Cr≤10%	全部	全部	175	—
马氏体不锈钢	全部	全部	—	150
铁素体不锈钢	全部	全部	—	10
奥氏体不锈钢	全部	全部	—	10
低温镍钢(Ni≤4%)	全部	全部	—	95
8Ni 钢、9Ni 钢	全部	全部	—	10
5Ni 钢	全部	全部	10	—
铝、铜、镍、钛及其合金	全部	全部	—	10

注：奥氏体不锈钢的层间温度宜小于 150℃，马氏体不锈钢的层间最高温度为 315℃。

预热区应以焊缝中心为基准，每侧距离应不少焊件厚度的 3 倍，且不少于 25mm。

2.4.4.2 热处理工艺

对容易产生焊接延迟裂纹的钢材，焊后应及时进行热处理，当不能及时进行焊后热处理时，应在焊后立即均匀加热至 200～350℃，并保温缓冷，加热保温范围与焊后热处理要求相同。

热处理的加热范围为焊缝两侧各不少于焊缝宽度的3倍，且不少于25mm。加热区以外100 ~150mm 范围内应予以保温，且管道端口应封闭。

热处理工艺一般分为加热升温、恒温、降温3个阶段。详见图2-17热处理曲线。

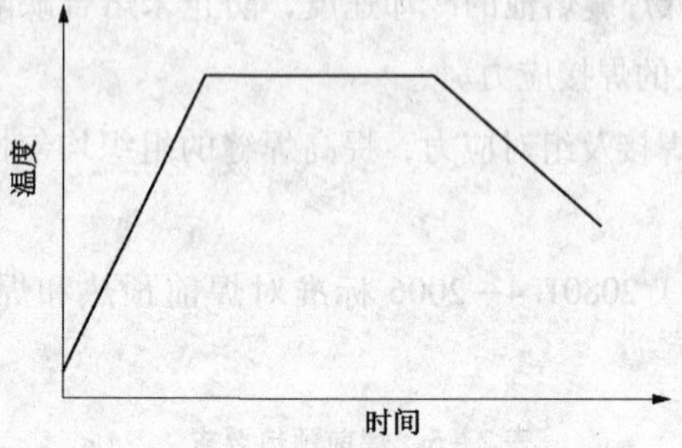

图2-17 热处理工艺曲线图

目前石化工程中管道焊缝热处理工艺均采用电加热方式，用加热片将焊缝及其两侧不少于3倍焊缝宽度的范围进行包裹，外层用保温棉对加热片进行保温，用热电偶测温和用自动温控器进行温控，整个热处理过程的温度曲线用热电耦传感器传至计算机打印记录。

热处理效果的检验：

热处理效果用硬度计测量其硬度值并进行评价，焊接接头的硬度测定区域应包括焊缝和热影响区，热影响区的测定应紧邻熔合线。

GB/T 20801.4—2006 标准对焊缝热处理后硬度检测数量和硬度值要求如下：

（1） 硬度检查的数量应满足以下要求：

a）表2-6中有硬度值要求的材料，炉内热处理的每一热处理炉次应至少抽查10%进行硬度测定，局部热处理者应100%进行硬度值测定。

b）表2-6中未注明硬度值要求的材料，每炉(批)次应至少抽查10%进行硬度测定。

（2） 除设计另有规定外，焊接接头热处理后的硬度值应符合下列规定：

a）表2-6中有硬度值要求的材料，焊缝和热影响区的硬度值应符合表2-6的规定。

b）表2-6中未注明硬度值要求的材料，焊缝和热影响区的硬度值：碳钢不应大于母材硬度值的120%；其他材料不应大于母材硬度值的125%。

（3）异种金属材料焊接时，两母材和焊接接头均应符合表2-6规定的各自硬度值规定。

热处理自动记录曲线异常，且被查部件的硬度值超过规定范围时，应查明原因，对不合格焊接接头重新进行热处理。

铬钼钢焊缝的无损检测应在热处理之后进行。

表 2－6　热处理基本要求

母材类别	名义厚度/mm	母材最小规定抗拉强度/MPa	金属热处理温度/℃	保温时间/(min/mm)	最短保温时间/h	布氏硬度 ≤
碳钢(C)、碳锰钢(C－Mn)	≤19	全部	无	—	—	—
	>19		600～650	2.4	1	200
合金钢(C－Mo、Mn－Mo、Cr－Mo)	≤19	≤490	无	—	—	—
	>19	全部	600～720	2.4	1	225
	全部	>490	600～720	2.4	1	225
合金钢(Cr－Mo) 0.5% <Cr≤2%	≤13	≤490	无	—	—	—
	>13	全部	700～750	2.4	2	225
	全部	>490	700～750	2.4	2	225
合金钢(Cr－Mo) 2.25%≤Cr≤3% 和 C≤0.15%	≤13	全部	不要求	—	—	—
	>13	全部	700～760	2.4	2	241
合金钢(Cr－Mo)	全部	全部	700～760	2.4	2	241
马氏体不锈钢	全部	全部	730～790	2.4	2	241
铁素体不锈钢	全部	全部	无	—	—	—
奥氏体不锈钢	全部	全部	无	—	—	187
低温镍钢(Ni≤4%)	≤19	全部	无	—	—	—
	>19		600～400	1.2	1	—
双相不锈钢	全部	全部	注	1.2	0.5	—

注：对于双相不锈钢钢管，是否进行焊后热处理不做具体规定，但热处理应符合材料标准要求。

练　习　题

1. 管道组成件包含哪些内容？
2. 管道常用材料有哪些牌号？
3. 标准对管壁厚度偏差有哪些要求？
4. 简述错口产生的原因。
5. 简述焊缝热处理的目的和工艺过程。
6. 比较各种焊接方法的优缺点。
7. 结合焊接工艺分析各焊接位置容易产生的缺陷。
8. 分析各种焊接缺陷产生的原因。

第3章 相关规范标准对无损检测的要求

为使检测人员了解国家相关行政规定、标准规范对无损检测的要求，提高认识，本章对《特种设备安全监察条例》、《压力管道安全技术监察规程——工业管道》、石油化工管道、工业管道及长输管道验收标准规范的相关内容进行介绍。

《特种设备安全监察条例》由国务院颁布，它是特种设备质量监督与安全监察工作的依据。

《压力管道安全技术监察规程——工业管道》(TSG D0001—2009)由国家质量监督检验检疫总局颁布，它是压力管道的基本管理规定，它从安全考虑，对压力管道的设计、制造、安装、使用、维修、改造、定期检验及安全保护装置等方面提出了具体要求。

《压力管道规范　工业管道》(GB/T 20801—2006)是管道基础标准，它共分6个部分，包括：总则、材料、设计和计算、制作与安装、检验与试验和安全防护。

《石油化工金属管道工程施工质量验收规范》(GB 50517—2010)是石油化工金属管道施工验收的国家标准，其基本涵盖了石油化工企业所有金属管道(包括有毒、可燃、无毒、非可燃介质管道和压力管道、非压力管道)，该标准自2010年12月1日起实施。

《石油化工有毒、可燃介质钢制管道工程施工及验收规范》(SH 3501—2011)是石油化工钢制管道施工验收的行业标准，适用于除长输管道和城镇燃气管道外的石油化工有毒、可燃介质钢制管道工程的施工及验收，该标准自2011年6月1日起实施。

在长输管道和油田建设方面，有《油气长输管道工程施工及验收规范》(GB 50369—2006)、《油气输送管道穿越工程施工规范》(GB 50424—2007)、《油气输送管道跨越工程施工规范》(GB 50460—2008)、《石油天然气站内工艺管道工程 施工规范》(GB 50540—2009)和《油气集输管道施工技术规范》(SY/T 0422—2010)等国家和行业标准。

3.1 《特种设备安全监察条例》对检测的相关规定

国务院于2003年3月11日，颁布了《特种设备安全监察条例》(以下简称《条例》)，同年6月1日实施。之后对其进行了修订，并于2009年1月24日开始实施。该《条例》对特种设备的生产(含设计、制造、安装、改造、维修)、使用、检验检测及其监督检查进行了规定。

《条例》中将最高工作压力大于或者等于0.1MPa(表压)的气体、液化气体、蒸汽介质或者可燃、易爆、有毒、有腐蚀性、最高工作温度高于或等于标准沸点的液体介质，且公称直径大于25mm的管道定义为压力管道。并明确规定，特种设备检验检测机构应当接受特种设备安全监督管理部门依法进行的特种设备安全监察，应当依照本条例规定，进行检验检测工作，对其检验检测结果、鉴定结论承担法律责任。

检验检测机构必须经过国务院特种设备安全监督管理部门核准，检验检测人员必须经过考核，取得资格证书后，方可从事检验检测工作，且检验检测人员不得同时在两家及以上的检验检测机构执业。

检验检测机构和检验检测人员应当客观、公正、及时的出具检验检测结果、鉴定结论。检验检测结果、鉴定结论经检验检测人员签字后，由检验检测机构负责人审核后批准，由双方共同负责。

检测机构和检测人员出具虚假的检测结果、鉴定结论或者检测结果、鉴定结论严重失实的，由特种设备安全监督管理部门没收检测机构违法所得，处5万元以上20万元以下罚款，情节严重的撤销检测资格；对检测人员处5000元以上5万元以下罚款，情节严重的撤销检测资格，触犯刑律的，依照刑法关于中介组织人员提供虚假证明文件罪、中介组织出具证明文件重大失实罪或者其他罪行的规定，依法追究刑事责任。造成损害的，还应当承担赔偿责任。

检测机构和检测人员利用检测工作故意刁难特种设备生产、使用单位，由特种设备安全监督管理部门责令其改正，超过规定期限不改的，撤销检测资格。

检测人员同时在两个或多个检验检测机构执业的，由监管部门责令改正，情节严重的，给予停止执业6个月以上2年以下的处罚，没收违法所得。

3.2 《压力管道安全技术监察规程——工业管道》(TSG D0001—2009)对检测的相关要求

2009年5月8日，国家质检总局颁布了《压力管道安全技术监察规程——工业管道》(以下简称《规程》)(TSG D0001—2009)，同年8月1日开始实施，《规程》从材料、设计、制造、安装、使用、维修、改造、定期检验及安全保护装置等方面提出了压力管道安全性能的基本要求。《规程》第七条明确指出：本规程是管道的基本安全要求，其他规定(如技术标准、企业内部规定等)不得低于本规程的要求。

《规程》还规定管道设计、安装和检验应当符合《压力管道规范——工业管道》(GB/T 20801—2006)等相关国家标准的要求。

规程相关条文对管道分级的规定如下：

第八条　本规程适用范围内的管道按照设计压力、设计温度、介质毒性程度、腐蚀性和火灾危险性划分为 GC1、GC2、GC3 三个等级。

管道级别以及介质毒性程度、腐蚀性和火灾危险性的划分见附件 A。

附件 A

A.1　工业管道级别划分

A.1.1　GC1 级

符合下列条件之一的工业管道，为 GC1 级：

(1) 输送毒性程度为极度危害介质，高度危害气体介质和工作温度高于其标准沸点的高度危害的液体介质的管道；

(2) 输送火灾危险性为甲、乙类可燃气体或者甲类可燃液体(包括液化烃)的管道，并且设计压力大于或者等于 4.0MPa 的管道；

(3) 输送除前两项介质的流体介质并且设计压力大于或者等于 10.0MPa，或者设计压力大于或者等于 4.0MPa，并且设计温度高于或者等于 400℃的管道。

A.1.2　GC2 级

除本附件 A1.3 规定的 GC3 级管道外，介质毒性程度、火灾危险性(可燃性)、设计压力和设计温度低于 A1.1 规定的 GC1 级的管道。

A.1.3　GC3 级

输送无毒、非可燃流体介质，设计压力小于或者等于 1.0MPa，并且设计温度高于 -20℃但是不高于 185℃的管道。

第八十二条　所有管道的焊接接头应当先进行外观检查，合格后才能进行无损检测。焊接接头外观检查的检查等级和合格标准应当符合 GB/T 20801 的规定。

第八十三条　有延迟裂纹倾向的材料应当在焊接完成 24h 后进行无损检测。有再热裂纹倾向的焊接接头，当规定需要进行表面无损检测(磁粉检测或者渗透检测，下同)时，应当在焊后和热处理后各进行 1 次。

第八十四条　管道受压元件焊接接头表面无损检测的检测等级、检测范围和部位、检测数量、检测方法、合格要求应当不低于 GB/T 20801 和 JB/T4730—2005《承压设备无损检测》的要求。被检焊接接头的选择应当包括每个焊工所焊的焊接接头，并且固定焊的焊接接头不得少于检测数量的 40%。

第八十五条　管道受压元件焊接接头射线检测和超声检测的等级、范围、部位、数量、方法等应当符合以下要求：

名义厚度小于或者等于30mm的管道，对接接头采用射线检测，如果采用超声检测代替射线检测，需要取得设计单位的认可，并且其检测数量应当与射线检测数量相同，管道名义厚度大于30mm的对接接头可以采用超声检测代替射线检测；

公称直径大于或者等于500mm的管道，对每个环向焊接接头进行局部检测，公称直径小于500mm的管道，可以根据环向焊接接头的数量按照规定的检测比例进行抽样检测，抽样检测中，固定焊焊接接头的检测数量不得少于其数量的40%；

进行抽样检测的环向焊接接头，包括其整个圆周长度，进行局部检测的焊接接头，最小检测长度不低于152mm；

被检焊接接头的选择，包括每个焊工所焊的焊接接头，并且在最大范围内包括与纵向焊接接头的交叉点，当环向焊接接头与纵向焊接接头相交时，最少检测38mm长的相邻纵向焊接接头。

无损检测的合格要求应当不低于GB/T 20801和JB/T 4730的规定。

第八十六条 无损检测发现的超标缺陷，必须进行返修，返修后应当仍然按照原规定的无损检测方法进行检测。对规定进行抽样或者局部无损检测的焊接接头，当发现不允许缺陷时，应当用原规定的无损检测方法，按照GB/T 20801的规定进行累进检查。

3.3 《压力管道规范　工业管道》(GB/T 20801.1～6—2006)对检测的相关要求

国家质检总局和国标委于2006年12月30日颁布了《压力管道规范　工业管道》(GB/T 20801)，并于2007年6月1日开始实施。该标准非等效对应于《石油和天然气工业管道》(ISO 15649:2001)，该标准共分六个部分，规定了工业金属压力管道材料、设计和计算、制作与安装、检验与试验、安全防护等方面的基本要求。

在《压力管道安全技术监察规程——工业管道》(TSG D0001—2009)中已经明确规定：管道设计、安装和检验应当符合《压力管道规范　工业管道》GB/T 20801—2006的要求。

该标准适用于《特种设备安全监察条例》定义的压力管道，也适用于公称直径小于等于25mm、最高工作压力小于0.1MPa或真空、不可燃、无毒、无腐蚀性的液体压力管道。

《压力管道规范　工业管道 第4部分：制作与安装》(GB/T 20801.4)中对原材料的无损检测要求如下：

5.5.1　对于以下管子和管件，应按5.5.2的要求进行外表面磁粉或渗透检测：

a) GC1级管道中设计压力大于或等于10MPa的管子或管件；

b) GC1级管道中输送极度危害介质的管子或管件。

5.5.2　检测时每批应抽样5%，且不得少于1根(个)，检测结果不得有线性缺陷。

GB/T 20801.5《压力管道规范　工业管道 第5部分：检验与试验》规定了工业管道的检验、检测、检查、试验的基本安全要求：

4.3　累进检查

当局部或抽样检查发现有超标缺陷时，应按以下要求处理：

a) 另取两个相同件(如为焊接接头，应为同一焊工所焊的同一批焊接接头)进行相同的检查；

b) 如a)要求的两个被检件检查合格，则附加检查所代表的批应视为合格，但有缺陷件应予返修或更换并重新进行检查。

c) 如a)要求的两个被检件中有任何一件发现有超标缺陷，则针对每个缺陷项应再增加两个相同件进行检查；

d) 如c)要求的两个被检件检查合格，则附加检查所代表的批应视为合格，但有缺陷件应予返修或更换并进行重新检查。

e) 如c)要求的两个被检件中有任何一件发现有超标缺陷，则该批应全部进行检查，不合格者应进行返修或更换并进行重新检查。

5.1.2　检查的比例包括100%检查、抽样检查和局部检查，并应符合以下规定：

a) 在指定的一批管道中，对某一具体项目进行全部检查，称作100%检查；

b) 在指定的一批管道中，对某一具体项目的某一百分数进行全部检查，称作抽样检查；

c) 在指定的一批管道中，对某一具体项目的每一件进行规定的部分检查，称作局部检查。

6.1　检查等级

6.1.1　压力管道的检查等级划分为Ⅰ、Ⅱ、Ⅲ、Ⅳ、Ⅴ五个等级，压力管道检查等级的确定应符合6.1.2和6.1.3的规定，并取较高的级别。

6.1.2　按管道级别和剧烈循环工况确定的管道检查等级如下：

a) GC3级管道的检查等级应不低于Ⅴ级；

b) GC2级管道的检查等级应不低于Ⅳ级；

c) GC1级管道的检查等级应不低于Ⅱ级；

d)剧烈循环工况管道的检查等级应不低于Ⅰ级。

6.1.3　按材料类别和公称压力确定的管道检查等级如下：

a) 除GC3级管道外，公称压力不大于*PN*50的碳钢管道(本部分无冲击实验要求)的检查等级应不低于Ⅳ级。

b）除 GC3 级管道外，下列管道的检查等级应不低于Ⅲ级；

1）公称压力不大于 *PN*50 的碳钢（本部分要求冲击试验）管道；

2）公称压力不大于 *PN*110 的奥氏体不锈钢管道。

c）下列管道的检查等级应不低于Ⅱ级：

1）公称压力大于 *PN*50 的碳钢（本部分要求冲击试验）管道；

2）公称压力大于 *PN*110 的奥氏体不锈钢管道；

3）低温含镍钢、铬钼合金钢、双相不锈钢、铝及铝合金管道。

d）下列管道的检查等级应不低于Ⅰ级：

1）钛及钛合金、镍及镍基合金、高铬镍钼奥氏体不锈钢管道；

2）公称压力大于 *PN*160 的管道。

6.3　焊接接头的无损检测

6.3.1　焊接接头的表面无损检测应符合以下规定：

a）检测比例应不低于表 1 和表 3 的规定。

b）有再热裂纹倾向的焊接接头应在焊接后及热处理后各进行一次表面无损检测。

c）表面无损检测的验收标准应不低于 JB/T 4730—2005 规定的Ⅰ级合格（PT 或 MT）标准。

6.3.2　焊接接头的射线检测和超声检测应符合以下规定：

a）检测比例应不低于表 1 和表 3 的规定，抽样检查时，固定焊的焊接接头的检测比例应不少于 40%。

表 1　检查等级、方法和比例

检查等级	检查方法	焊缝类型及检查比例/%		
		对接环缝	角焊缝[b]	支管连接[c]
Ⅰ	磁粉/渗透	100[d]	100	100
	射线照相/超声波	100	—	100[e]
Ⅱ	磁粉/渗透	20[d]	20	20
	射线照相/超声波	20	—	20[e]
Ⅲ	磁粉/渗透	10[d]	—	10
	射线照相/超声波	10	—	—
Ⅳ	射线照相/超声波	5	—	—

[a] 根据业主或工程设计要求，可采用较严格检查等级代替较低检查等级。
[b] 角焊缝包括承插焊和密封焊以及平焊法兰、支管补强和支架的连接焊缝。
[c] 支管连接焊缝包括支管和翻边接头的受压焊缝。
[d] 对碳钢、不锈钢及铝合金无此要求。
[e] 适用于大于或等于 *DN*100 的管道。

表 3　制作过程中纵缝检查方法和检查比例

纵向焊接接头系数	目视检查/%	射线照相/超声波/%
≤0.85	100	—
0.90	100	10
1.00	100	100

注：GB/T 20801.2—2006 附录 A 中表 A.1 和 GB/T 20801.3 表 14 中所含的纵缝除外。

b）管道的名义厚度小于或等于 30mm 的对接环缝，应采用射线检测；名义厚度大于 30mm 的对接环缝可采用超声检测代替射线检测；当规定采用射线检测但由于条件限制需改用超声检测时，应征得设计和业主的同意。

c）焊接接头的射线检测和超声检测验收标准应符合以下规定：

1）环焊缝的检测应符合 JB/T 4730—2005 对压力管道环焊缝的检测要求，纵焊缝的检测应符合 JB/T 4730—2005 对锅炉和压力容器对接焊缝的检测要求，角焊缝及 T 型接头的超声检测也应符合 JB/T 4730—2005 对锅炉和压力容器角焊缝及 T 型接头的检测要求；

2）100% 射线检测的焊接接头按 JB/T 4730—2005 的Ⅱ级合格，抽样或局部进行射线检测的焊接接头按 JB/T 4730—2005 的Ⅲ级合格；

3）100% 超声检测的焊接接头按 JB/T 4730—2005 的Ⅰ级合格，抽样或局部进行超声检测的焊接接头按 JB/T 4730—2005 的Ⅱ级合格。

d）管道的公称直径大于或等于 500mm 时，对每条环缝应按表 1 和表 3 的检查比例进行局部检测。管道的公称直径小于 500mm 时，可根据环缝接头数，按表 1 和表 3 的检查比例进行抽样检测。凡进行检测的环缝，应包括其整个圆周长度。

e）选择被检焊缝时应包括每个参加产品焊接的焊工或焊接操作工所焊的焊缝，同时也应在最大范围内包括与纵缝的交叉点。当环缝与纵缝相交时，应包括检查长度不小于 38mm 的相邻纵缝。

6.3.3　局部无损检测的焊接接头位置及检查点应由建设单位或检验机构的检验人员选择或批准。

3.4 《石油化工金属管道工程施工质量验收规范》（GB 50517—2010）对检测的相关要求

《石油化工金属管道工程施工质量验收规范》（GB50517—2010）为国家标准，自 2010 年 12 月 1 日起实施。其中，第 3.0.2、5.1.1、5.1.6、12.0.2 条为强制性条文，必须严格执行。

以下是该标准关于检测的相关条款：

1.0.2　本规范适用于设计压力不大于 42 MPa、设计温度不低于 -196 ℃的石油化工金属管道工程的施工质量验收。

5.1.5　用于极度危害介质管子、管件的质量证明文件中应有超声检测结果。设计压力大于或等于10MPa管道的管子、管件，质量证明文件中应有表面无损检测结果。

5.1.9　管子及管件经磁粉检测或渗透检测发现的表面缺陷允许修磨，修磨后的实际壁厚不得小于管子公称壁厚的90%，且不小于设计文件规定的负偏差。

5.2.6　用于极度危害和设计压力大于或等于10MPa的管子，当外径大于15mm时，应对管子外表面进行验证性检验，导磁性钢管应用磁粉检测、非导磁性钢管应用渗透检测。抽检数量应为每批5%且不少于一根，检测结果应符合国家现行标准《承压设备无损检测　第4部分：磁粉检测》JB/T 4730.4的Ⅰ级、《承压设备无损检测　第5部分：渗透检测》JB/T 4730.5的Ⅰ级。

5.2.7　铬钼合金钢、含镍低温钢、含钼奥氏体不锈钢、镍及镍基合金、钛及钛合金、锆及锆合金管子，应采用光谱分析或其他方法进行主要合金金属元素验证性检验，抽检数量应为每批(同炉号、同批号)5%且不少于一件。

5.3.8　对焊连接阀门的焊接接头坡口，应按下列规定进行磁粉或渗透检测，检测结果应符合国家现行标准《承压设备无损检测　第4部分：磁粉检测》JB/T 4730.4的Ⅰ级、《承压设备无损检测　第5部分：渗透检测》JB/T 4730.5的Ⅰ级：

1）标准抗拉强度下限值大于或等于540MPa钢及铬钼合金钢的坡口应进行100%检测；

2）设计温度低于－29℃的非奥氏体不锈钢坡口抽检数量应为5%且不得少于一个。

5.3.9　铬钼合金钢、含镍低温钢、含钼奥氏体不锈钢、镍及镍基合金、钛及钛合金、锆及锆合金阀门应采用光谱分析或其他方法，对阀体主要合金金属元素进行验证性检验，抽检数量应为每批5%且不少于一件。

5.4.4　铬钼合金钢、含镍低温钢、含钼奥氏体不锈钢、镍及镍基合金、钛及钛合金、锆及锆合金材料的管件和法兰(盖)，应采用光谱分析或其他方法进行主要合金金属元素验证性检验。抽检数量应为每批5%且不得少于一件。

5.4.5　用于极度危害和设计压力大于或等于10MPa管道的管件，应对其外表面进行验证性无损检测，抽检数量应为每批5%且不得少于一件。检测结果应符合国家现行标准《承压设备无损检测　第4部分：磁粉检测》JB/T 4730.4的Ⅰ级、《承压设备无损检测　第5部分：渗透检测》JB/T 4730.5的Ⅰ级。

5.4.8　设计压力等于或大于10MPa管道用的铬钼合金钢螺栓、螺母，应采用光谱分析进行主要合金金属元素验证性检验，抽检数量应为每批5%且不得少于一件，并每批螺栓、螺母应抽2套进行硬度验证性检验。

5.4.9　设计温度低于－29℃的低温管道的铬钼合金钢螺栓、螺母，应采用光谱分析进行主要合金金属元素验证性检验，抽检数量应为每批5%且不得少于一件，并每批应抽2根螺栓进行低温冲击性能检验。

5.4.10　设计温度大于或等于400℃管道的铬钼合金钢螺栓、螺母，应采用光谱分析进行主要合金金属元素验证性检验，抽检数量应为每批5%且不得少于一件。

7.1.10　下列钢材管道的组装工卡具采用氧乙炔焰切割修磨后应作表面无损检测，合格级别应符合国家现行标准《承压设备无损检测　第4部分：磁粉检测》JB/T 4730.4的Ⅰ级、《承压设备无损检测　第5部分：渗透检测》(JB/T 4730.5)的Ⅰ级：

1　铬钼合金钢；

2　标准抗拉强度下限值大于或等于540MPa。

7.2.3　非机械方法加工的管道焊接接头坡口应按下列规定进行渗透检测，合格标准应符合国家现行标准《承压设备无损检测　第5部分：渗透检测》(JB/T 4730.5)的Ⅰ级：

1　铬钼合金钢管道100%检测；

2　标准抗拉强度下限值大于或等于540MPa管道100%检测；

3　设计温度低于－29℃的非奥氏体不锈钢管道抽检数量应为5%且不得少于一个。

7.2.7　管道焊缝应按下列规定进行布置：

1　除采用定型弯头外，管道环焊缝距离弯管起弯点不得小于管子外径，且不小于100mm；

2 直管段上两条对接焊缝间的距离，不应小于焊件厚度的3倍，需焊后热处理时，不应小于焊件厚度的6倍，且应符合下列要求：

管道公称直径小于150mm时，焊缝间的距离不小于外径，且不小于50mm；

管道公称直径大于或等于150mm时，焊缝间的距离不小于150mm；

3　卷管环向焊接接头对口时，两纵向焊缝间距应大于100mm；

4　管道环焊缝不宜在管托的范围内，需要热处理的焊缝外侧距支、吊架边缘的净距离宜大于焊缝宽度的5倍，且不小于100mm；

5　焊缝及距焊缝50mm内不宜开孔，若开孔时，应对以开孔中心为中心1.5倍开孔直径范围内的焊接接头进行100%射线检测，其合格标准应符合相应的管道级别要求。

7.2.8　管道上被补强圈或支座垫板覆盖的焊缝应进行100%无损检测，检测方法和合格等级应符合本规范第9.3.1条规定，并应合格后再覆盖。

8.1.18　铬钼合金钢、含镍低温钢和含钼奥氏体不锈钢管道系统安装完毕后，应检查材质标识，发现无标识时应采用光谱分析核查材质。

9.1.1　管道完成焊接后应按本规范第9.2节和9.3节的规定进行焊接接头的外观检查和无损检测。

9.1.2　铬钼合金钢管道的射线检测宜在热处理后进行，并应对焊缝采用光谱分析进行主要合金金属元素验证性检查，每个管道编号的焊缝抽查数量不应少于2条。

9.3.1　管道焊接接头无损检测除设计文件另有规定外，厚度小于或等于30mm的焊缝应采用射线检测，厚度大于 30mm 的焊缝可采用超声检测，检测数量与验收标准应按表 9.3.1 规定进行，并应符合下列规定：

1　射线检测的技术等级应为 AB 级；

2　超声检测的技术等级应为 B 级。

表 9.3.1　管道焊接无损检测数量及验收标准

检查等级	管道级别	对焊接头			角焊接头		
		检验数量	验收标准	合格等级	检测数量	验收标准	合格等级
1	SHA1	100% RT	JB/T4730.2	Ⅱ级	100% MT	JB/T 4730.4	Ⅰ级
	SHB1 SHC1	100% UT	JB/T4730.3	Ⅰ级	100% PT	JB/T 4730.5	
2	SHA2	20% RT	JB/T4730.2	Ⅱ级	20% MT	JB/T 4730.4	Ⅰ级
	SHB2 SHC2	20% UT	JB/T 4730.3	Ⅰ级	20% PT	JB/T 4730.5	
3	SHA3	10% RT	JB/T4730.2	Ⅲ级	—	—	—
	SHB3 SHC3	10% UT	JB/T4730.3	Ⅱ级	—	—	
4	SHA4	5% RT	JB/T4730.2	Ⅲ级	—	—	—
	SHB4 SHC4	5% UT	JB/T4730.3	Ⅱ级	—	—	
5	SHC5	—	—	—	—	—	—

注：表中检测方法 RT 与 UT、MT 与 PT 的关系为“或”。

9.3.2　设计文件规定射线检测的焊接接头改用超声检测时应征得设计单位和建设单位同意。

9.3.3　铬钼合金钢和标准抗拉强度下限值大于或等于 540MPa 等易产生延迟裂纹、再热裂纹倾向的材料，应在焊接完成 24h 后进行无损检测；有再热裂纹倾向的材料应在热处理后进行表面无损检测。

9.3.4　管道焊接接头的检测比例应按下列规定执行：

1　公称直径小于 500mm 时宜按焊接接头数量计算，抽查的焊缝受条件限制不能全部进行检测时，经检验人员确认可对该条焊缝按相应的检测比例进行局部检测；

2　公称直径大于或等于 500mm 时应按每个焊接接头焊缝的长度计算；

3　焊接接头的无损检测比例应按管道编号统计。

9.3.5　管道焊接接头按比例抽样检查时，检验批应按下列规定执行：

1　每批执行周期宜控制在 2 周内；

2　应以同一检测比例完成的焊接接头为计算基数确定该批的检测数量；

3　焊接接头固定口检测不应少于检测数量的 40%；

4 应按下列原则选定焊接接头：

1)应覆盖施焊的每名焊工；

2)按比例均衡各管道编号分配检测数量；

3)交叉焊缝部位应包括检查长度不小于38mm的相邻焊缝。

9.3.6 累进检查应符合下列要求：

1 检验批中抽样检测的焊接接头评定合格，则可对该批焊接接头予以验收；

2 在一个检验批中检测出不合格焊接接头，应在该批中对该焊工按不合格焊接接头数量加倍进行检测，加倍检测接头及返修接头评定合格，则应对该批焊接接头予以验收；

3 若加倍检测的焊接接头中又检测出不合格焊接接头，应按不合格焊接接头数量再加倍进行检测，加倍检测接头及返修接头评定合格，则应对该批焊接接头予以验收；

4 若再次加倍检测仍出现不合格焊接接头，应对该焊工焊接的该批焊接接头全部检测，并对不合格的焊接接头返修，评定合格后可对该批焊接接头予以验收。

9.4.1 要求消除应力热处理的焊接接头，热处理后应检测硬度值。焊接接头的硬度检测区域包括焊缝和热影响区，热影响区的测定区域应紧邻熔合线。

9.4.2 硬度检测的数量应满足下列要求：

1 在炉内热处理的每一热处理炉次应抽查焊接接头的10%进行硬度值测定；

2 进行局部热处理时应100%进行硬度值测定。

9.4.3 除设计文件另有规定外，焊接接头热处理后的硬度值应符合本规范表7.4.4的规定。表7.4.4中未列入材料或未注明硬度值的材料，应按设计文件执行。

表7.4.4 常用材料焊接接头热处理

母材类别	名义厚度/mm	规定的母材最小抗拉强度/MPa	热处理温度/℃	保温时间/(min/mm)	最短保温时间/h	布氏硬度≤
碳钢(C)、碳锰钢(C-Mn)	>19	全部	600~650	2.4	1	200
合金钢(C-Mo、Mn-Mo、Cr-Mo)Cr≤0.5%	>19	全部	600~720	2.4	1	225
	全部	>490	600~720	2.4	1	225
合金钢(Cr-Mo)0.5%<Cr≤2%	>13	全部	700~750	2.4	2	225
	全部	>490	700~750	2.4	2	225
合金钢(Cr-Mo)2.25%≤Cr≤3%和C≤0.15%	>13	全部	700~760	2.4	2	241
合金钢(Cr-Mo)3%<Cr≤10%或C>0.15%	全部	全部	700~760	2.4	2	241

续表

母材类别	名义厚度/mm	规定的母材最小抗拉强度/MPa	热处理温度/℃	保温时间/(min/mm)	最短保温时间/h	布氏硬度≤
马氏体不锈钢	全部	全部	730~790	2.4	2	241
奥氏体不锈钢	全部	全部	—	—	—	187
低温镍钢(Ni≤4%)	>19	全部	600~640	1.2	1	—
双相不锈钢	全部	全部	—	1.2	0.5	—

9.4.4 异种金属材料焊接接头，焊缝和两侧热影响区均应符合本规范第9.4.3条规定。

9.5.1 设计文件规定进行铁素体检查的焊接接头，应按现行国家标准《铬镍奥氏体不锈钢焊缝铁素体含量测量方法》GB/T 1954测定铁素体含量。

9.5.2 要求铁素体检查的管道，焊缝和热影响区的铁素体含量应符合表9.5.2的规定。

表9.5.2 焊缝铁素体含量

序号	材质	铁素体含量(体积比)	备注
1	含钼奥氏体不锈钢	≤5%	中高温工况
2	奥氏体-铁素体双相钢	30%~60%	腐蚀介质工况

3.5 《石油化工有毒、可燃介质钢制管道工程施工及验收规范》(SH 3501—2011)对检测的相关要求

《石油化工有毒、可燃介质钢制管道工程施工及验收规范》(SH 3501—2011)为行业标准，自2011年6月1日起实施。

下面是标准关于检测的相关条款：

1 范围

本规范规定了石油化工工程中有毒、可燃介质钢制管道工程的施工、检查和检验要求。

本规范适用于石油化工工程中公称压力不大于*PN*420(CL2500)，设计温度-196~850℃的有毒、可燃介质钢制管道工程的施工及验收，不适用于长输管道和城镇燃气管道工程的施工及验收。

5.1.6 铬钼合金钢、含镍低温钢、含钼奥氏体不锈钢管道组成件应按本规范规定采用

光谱分析或其他方法对主要合金元素含量进行验证性检验，并作好记录和标志。

5.1.9 凡按规定作抽样检查、检验的样品中，若有一件不合格，应按原规定数的两倍抽检，若仍有不合格，则该批管道组成件和支承件不得验收，或对该批产品进行逐件验收检查。但规定作合金元素验证性检验的管道组成件如第一次抽检不合格，则该批管道组成件不得验收。验收合格的管道组成件应作好标识。

5.2.4 SHA1(1)及设计压力等于或大于10MPa的管道用的管子质量证明书中应有超声检测结果，否则应按现行国家标准GB/T 5777的规定，逐根进行补项试验。

5.2.6 本规范第5.1.6条规定的管道组成件中的管子、管件的主要合金元素含量验证性检验，每批(同炉批号、同材质、同规格)抽检10%，且不少于1件。

5.2.7 设计压力等于或大于10MPa的管子和管件，外表面应逐件进行表面无损检测，且不得有线性缺陷。

5.2.8 SHA1级管道中设计压力小于10MPa的输送极度危害介质(苯除外)和高度危害的光气、丙烯腈介质的管子和管件，每批应抽5%且不少于1件，进行表面无损检测，且不得有线性缺陷。抽样检测发现有超标缺陷时，应按本规范第5.1.9条的规定处理。

5.3.6 本规范第5.1.6条规定的管道组成件中的阀门，应对其阀体、阀盖及其连接螺栓的主要合金元素含量进行验证性检验，每批(同批号、同材质、同规格)抽检10%，且不少于1件。

5.4.3 本规范第5.1.6条规定的管道组成件中的法兰、法兰盖和翻边短节，应对其主要合金元素含量进行验证性检验，每批抽检10%，且不少于1件。

5.5.4 下列管道用的铬钼合金钢螺柱和螺母应采用光谱分析对其主要合金元素含量进行验证性检验，每批抽检5%。且不少于10件。

a) 设计压力等于或大于10MPa;

b) 设计温度低于-29℃;

c) 设计温度等于或大于400℃。

5.5.5 设计压力等于或大于10MPa管道用的铬钼合金钢螺柱和螺母应进行硬度检验，每批抽检不少于2件，硬度值应在设计文件或产品标准规定的范围内。若有不合格，按本规范第5.1.9条的规定处理。

5.5.6 低温管道用的铬钼合金钢螺柱应进行低温冲击性能检验，每批抽检不少于2根。试验结果应符合设计文件或产品标准的要求。若有不合格，应按本规范第5.1.9条的规定处理。

5.6.3 金属环垫和透镜垫应逐件进行硬度检验。检验位置应避开密封面，检验结果应符合设计文件或产品标准的规定。

6.1.9 符合下列条件的弯管弯制后，应逐件进行磁粉检测或渗透检测，并填写弯管加工记录(参见附录B)。若有线性缺陷应予以修磨，修磨后的实际壁厚不应小于相应标准或设计文件规定的最小厚度:

a) 设计压力等于或大于10MPa;

b) 输送极度危害介质(苯除外);

c) 输送高度危害的光气、丙烯腈介质。

7.2.1　管道焊缝的设置应便于焊接、热处理及检验，并应符合下列要求：

a）除采用定型弯头外，管道焊缝的中心与弯管起弯点的距离不应小于管子外径，且不小于100mm；

b）管道焊缝不宜在管托的范围内，若焊缝被管托覆盖，则被覆盖的焊缝部位应进行100% 射线检测。需要热处理的焊缝，外侧距支、吊架边缘的净距离宜大于焊缝宽度的5倍，且不小于100mm；

c）除定型管件外，直管段上两条对接焊缝间的距离，不应小于3倍焊件的厚度，需焊后热处理时，不应小于6倍焊件的厚度，且应符合下列要求：

1）管道公称直径小于150mm时，焊缝间的距离不小于外径，且不小于50mm；

2）管道公称直径大于或等于150mm时，焊缝间的距离不小于150mm；

d）在焊接接头及其边缘上不宜开孔。若开孔时，应对开孔中心1.5倍开孔直径范围内的焊接接头进行100% 射线检测，其合格标准符合相应的管道级别要求；

e）卷管环向焊接接头对口时，相邻管子的两纵向焊缝应错开，错开的间距不应小于100mm；

f）焊制管件无法避免十字焊缝时，该部位焊缝应经射线检测合格，检测长度不应小于250mm。

7.2.4　下列管子坡口采用热加工方法时，坡口表面应进行无损检测，检测结果不得有线性缺陷：

a）铬钼合金钢、材料标准抗拉强度下限值等于或大于540MPa钢材的管子坡口100%检测；

b）设计温度低于 -29℃的非奥氏体不锈钢管子的坡口应抽检5%，如有抽查不合格，应按本规范5.1.9条规定加倍检测。

7.2.15　焊接在管道上的组对卡具不得用敲打或掰扭的方法拆除。采用火焰切割时，应在离管道表面2~3mm处切割，并进行修磨。下列钢材修磨后还应作表面无损检测，合格等级符合管道相应等级要求。

a）铬钼合金钢；

b）标准抗拉强度下限值等于或大于540MPa的钢材。

7.5.5　铬钼合金钢管道焊缝应进行合金元素含量验证性抽样检查，每条管道（按管道编号）的焊缝抽查数量不应少于2条。

7.5.6　设计文件规定进行铁素体检查的焊接接头，应按现行国家标准GB 1954的规定方法测定铁素体含量，焊缝和热影响区的铁素体含量应符合表11的要求：

表11　铁素体含量

序号	材质	铁素体含量	备注
1	含钼奥氏体不锈钢	≤5%	中高温工况
2	奥氏体 - 铁素体双相钢	30% ~60%	腐蚀介质工况

7.5.7　焊接接头无损检测的比例和验收标准应按检查等级确定，并不应低于表12的规定。

表 12　管道焊接接头无损检验数量及验收标准

检查等级[a]	管道级别	对焊接头		角焊接头		支管连接接头	
		比例	验收标准	比例	验收标准	比例	验收标准
1	SHA1 SHB1	100%	RTⅡ级或UTⅠ级、MTⅠ级或PTⅠ级[c]	100%	MTⅠ级或PTⅠ级	100%	RTⅡ级或UTⅠ级[b]、MTⅠ级或PTⅠ级
2	SHA2 SHB2	20%		20%	MTⅠ级或PTⅠ级	20%	RTⅡ级或UTⅠ级[b]、MTⅠ级或PTⅠ级
3	SHA3 SHB3	10%	RT Ⅲ级或UT Ⅱ级	—		10%	MTⅠ级或PTⅠ级
4	SHA4	5%		—		—	

[a] 确定管道检查等级时尚应符合本规范第 4.7 条规定。

[b] 适用于等于或大于 *DN*100 的支管连接的受压焊缝。

[c] 对碳钢和不锈钢不进行 MT 或 PT 的检测。

7.5.8　焊接接头的表面无损检测应符合以下规定：

a）有再热裂纹倾向的焊接接头应在热处理后进行表面无损检测；

b）表面无损检测应符合国家现行标准 JB/T 4730 的规定。

7.5.9　管道焊接接头的检测比例应按下列规定执行：

a）公称直径小于 500mm 时按焊接接头数量计算，抽查的焊缝受条件限制不能全部进行检测时，经检验人员确认可对该条焊缝按相应检查等级规定的检测比例进行局部检测；

b）公称直径大于或等于 500mm 时应按每个焊接接头焊缝的长度计算，检测长度不小于 250mm；

c）每个管道编号的焊接接头无损检测数量应达到规定的比例要求。

7.5.10　管道焊接接头按比例抽样检查时，检验批应按下列规定执行：

a）每批执行周期宜控制在 2 周内；

b）应以同一检测比例完成的焊接接头为计算基数确定该批的检测数量；

c）焊接接头固定口检测不应少于检测数量的 40%；

d）焊接接头抽样检查应符合下列要求：

1）应覆盖施焊的每名焊工；

2）按比例均衡各管道编号分配检测数量；

3）交叉焊缝部位应包括检查长度不小于 38mm 的相邻焊缝。

7.5.11　抽样检测发现不合格焊接接头时，应按下列要求进行累进检查：

a）在一个检验批中检测出不合格焊接接头时，应对同批中该焊工焊接的焊接接头按不合格接头数加倍进行检测。加倍检测接头及返修接头评定合格，则对该批焊接接头予以验收；

b） 若加倍检测的焊接接头中又检测出不合格焊接接头时，应对同批焊接接头中该焊工焊接的全部焊接接头进行检测，并对不合格的焊接接头返修，评定合格后可对该批焊接接头予以验收。

7.5.12 局部检测的焊接接头发现不合格缺陷时，应在该缺陷延伸部位增加检测长度，增加的长度为该焊接接头长度的10%，且不小于250mm。若仍有不合格的缺陷，则对该焊接接头做全部（100%）检测。

7.5.13 射线检测的技术等级为AB级，超声检测的技术等级不得低于B级，焊接接头的射线或超声检测应执行国家现行标准JB/T 4730的规定。

7.5.14 管道的名义厚度小于或等于30mm的对接环焊缝，应采用射线检测，当由于条件限制需改用超声检测时，应征得设计和建设/监理单位的同意；名义厚度大于30mm的对接环焊缝可采用超声检测。

7.5.15 不合格焊缝应进行返修，并应按原规定的检测方法检查合格。焊缝同一部位的返修次数，碳钢管道不得超过3次，其余钢种管道不得超过2次。

7.5.16 焊接工作完成后，应在单线图（轴侧图）上标明焊缝编号、焊工代号、固定焊焊接位置(2G或5G)、无损检测方法、返修焊缝位置等可追溯性标识。

8.1.20 分段试压合格的管道系统，如连接两段之间的接口焊缝经过100%射线检测合格，则可不再进行整体系统压力试验。

8.1.21 当设计单位或建设单位认为管道系统进行液压试验或气压试验均不切实际时，可以免除压力试验，但应满足下列要求：

a） 环向、纵向以及螺旋焊焊接接头经100%的射线检测或100%超声检测合格；

b） 与支管连接接头、角焊焊接接头经100%表面无损检测合格；

c） 管道系统已按规定进行柔性分析；

d） 管道系统通过敏感泄漏试验。

3.6 《油气长输管道工程施工及验收规范》（GB 50369—2006）对检测的相关要求

该标准是国家标准，适用于陆地长距离输送石油、天然气管道、煤气管道、成品油管道线路工程的施工及验收，自2006年5月1日起实施。

该标准关于无损检测的相关条款有：

10.3 焊缝的检验与验收

10.3.1 焊缝应先进行外观检查，外观检查合格后方可进行无损检测。焊缝外观检查应符合下列规定：

1 焊缝外观成型均匀一致，焊缝及其热影响区表面上不得有裂纹、未熔合、气孔、夹渣、飞溅、夹具焊点等缺陷。

2 焊缝表面不应低于母材表面，焊缝余高一般不应超过2mm，局部不得超过3mm，余高超过超过3mm时，应进行打磨，打磨后应与母材圆滑过渡，但不得伤及母材。

3 焊缝表面宽度每侧应比坡口表面宽0.5～2mm。

4 咬边的最大尺寸应符合表10.3.1中的规定。

表10.3.1 咬边的最大尺寸

深 度	长 度
大于0.8mm或大于12.5%管壁厚，取二者中的较小值	任何长度均不合格
大于6%～12.5%的管壁厚或大于0.4mm，取二者中的较小值	在焊缝任何300长度上不超过50mm或焊缝长度的1/6，取二者中的较小值
小于或等于0.4mm或小于或等于6%的管壁厚，取二者中的较小值	任何长度均为合格

5 电弧烧痕应打磨掉，打磨后应不使剩下的管壁厚度减少到小于材料标准允许的最小厚度。否则，应将含有电弧烧痕的这部分管子整段切除。

10.3.2 无损检测应符合国家现行标准《石油天然气钢质管道无损检测》SY/T 4109的规定，射线检测及超声波检测的合格等级应符合下列规定：

1 输油管道设计压力小于或等于6.4MPa时合格级别为Ⅲ级；设计压力大于6.4MPa时合格级别为Ⅱ级。

2 输气管道设计压力小于或等于4MPa时，一、二级地区管道合格级别为Ⅲ级；三、四级地区管道合格级别为Ⅱ级；设计压力大于4MPa时合格级别为Ⅱ级。

10.3.3 输油管道的检测比例应符合下列规定：

1 无损检测首选射线检测和超声波检测。

2 采用射线检验时，应对焊工当天所焊不少于15%的焊缝全周长进行射线检测。

3 采用超声波检测时，应对焊工当天所焊焊缝的全部进行检查，并对其中5%环焊缝的全周长用射线检测复查。

4 对通过居民区、工矿企业和穿(跨)越大中型水域、一、二级公路、铁路、隧道的管道环焊缝，以及所有中碰死口焊缝，应进行100%超声波检测和射线检测。

10.3.4 输气管道的检测比例应符合下列规定：

1 所有焊接接头应进行全周长100%无损检测。射线检测和超声波检测是首选无损检测方法。焊缝表面缺陷可进行磁粉或液体渗透检测。

2　当采用超声对焊缝进行无损检测时，应采用射线检测对所选取的焊缝全周长进行复验，其复验数量为每个焊工或流水作业焊工组当天完成的全部焊缝中任意选取不小于下列数目的焊缝进行：

一级地区中焊缝的5%；

二级地区中焊缝的10%；

三级地区中焊缝的15%；

四级地区中焊缝的20%。

3　穿(跨)越水域、公路、铁路的管道焊缝，弯头与直管段焊缝以及未经试压的管道碰死口焊缝，均应进行100%超声波检测和射线检测。

10.3.5　射线检测复验、抽查中，有一个焊口不合格，应对该焊工或流水作业焊工组在该日或该检查段中焊接的焊口加倍检查，如再有不合格的焊口，则对其余的焊口逐个进行射线检测。

10.3.6　管道采用全自动焊时，宜采用全自动超声波检测，检测比例应为100%，可不进行射线探伤复查。全自动超声波检测的合格标准应符合国家现行标准《石油天然气钢质管道对接环焊缝全自动超声波检测》SY/T 0327 的规定。

10.3.7　焊缝返修，应符合下列规定：

1　焊道中出现的非裂纹性缺陷，可直接返修。若返修工艺不同于原始焊道的焊接工艺，或返修是在原来的返修位置进行时，必须使用评定合格的返修焊接工艺规程。

2　当裂纹长度小于焊缝长度的8%时，应使用评定合格的返修焊接规程进行返修。当裂纹长度大于8%时所有带裂纹的焊缝必须从管线上切除。

3　焊缝在同一部位的返修，不得超过2次。根部只允许返修1次，否则应将该焊缝切除。返修后，按原标准检测。

3.7 《油气输送管道穿越工程施工规范》(GB 50424—2007)对检测的相关要求

该标准是国家标准，适用于新建或改、扩建的输送原油、天然、成品油等管道穿越河流、湖泊、山体、公路、铁路等难以通过的地上、地下障碍物工程的施工，自2008年5月1日起实施。

该标准关于无损检测的相关条款有：

5.3　焊缝的检验与验收

5.3.1　焊缝应先进行外观检查。焊缝外观检查应符合下列规定：

1　焊缝外观成型应均匀一致，焊缝及其热影响区表面上不得有裂纹、未熔合、气孔、夹渣、飞溅、夹具焊点等缺陷。

2　焊缝表面不应低于母材表面，焊缝余高一般不应超过2mm，局部不得超过3mm，余高超过超过3mm时，应进行打磨，打磨后应与母材圆滑过渡，但不得伤及母材。

3　焊缝表面宽度每侧应比坡口表面宽0.5~2mm。

4　咬边的最大尺寸应符合表5.3.1中的规定。

表5.3.1　咬边的最大尺寸

深　度	长　度
大于0.8mm或大于12.5%管壁厚，取二者中的较小值	任何长度均不合格
大于6%~12.5%的管壁厚或大于0.4mm，取二者中的较小值	在焊缝任何300长度上不超过50mm或焊缝长度的1/6，取二者中的较小值
小于或等于0.4mm或小于或等于6%的管壁厚，取二者中的较小值	任何长度均为合格

5　电弧烧痕应打磨掉，打磨后应使剩下的管壁厚度不小于材料标准允许的最小厚度。否则应将含有电弧烧痕的这部分管子整段切除。

5.3.2　应在外观检查合格后进行无损检测。无损检测应符合国家现行标准《石油天然气钢质管道无损检测》SY/T 4109的有关规定。

5.3.3　穿越管段焊缝无损检测应符合下列规定：

1　100%超声波检测、100%射线检测。

2　穿越管段焊缝无损检测合格级别为Ⅱ级。

5.3.5　焊缝返修，应符合下列规定：

1　焊道中出现的非裂纹性缺陷，可直接返修。若返修工艺不同于原始焊道的焊接工艺，必须使用评定合格的返修焊接工艺规程。

2　当裂纹长度小于焊缝长度的5%时，应使用评定合格的返修焊接工艺进行返修。当裂纹长度大于5%时，所有带裂纹的焊缝必须从管线上切除。

3　焊缝在同一部位的返修，不得超过2次，根部只允许返修1次，否则应将该焊缝切除。返修后，按原标准检测。

3.8　《油气输送管道跨越工程施工规范》(GB 50460—2008)对检测的相关要求

该标准是国家标准，适用于新建或改、扩建的油气输送管道跨越人工或天然障碍物工程的施工，自2009年6月1日起实施。

该标准关于无损检测的相关条款有：

13.3 焊缝质量检验

13.3.1 焊缝外观检查应符合下列规定：

1 焊缝外观成型应均匀一致，焊缝及其热影响区表面上不得有裂纹、未熔合、气孔、夹渣、飞溅等缺陷。

2 焊缝表面不应低于母材表面，焊缝余高一般不应超过3mm，余高超过超过3mm时，应进行打磨。打磨后不得伤及母材，打磨后的焊缝应与母材圆滑过渡。

3 焊缝表面宽度每侧应比坡口表面宽0.5~2mm。

4 咬边的最大允许尺寸应符合表13.3.1中的规定。

表13.3.1 咬边的最大尺寸

深 度	长 度
$\delta \geq 0.8$mm或$\delta \geq 12.5\%t$，取二者中δ的较小值	任何长度均不合格
$6\%t < \delta < 12.5\%t$或0.4mm $< \delta < 0.8$mm，取二者中的较小值	在焊缝任何300长度上不超过50mm或焊缝长度的1/6，取二者中的较小值
$\delta \leq 0.4$mm或$\delta \leq 6\%t$，取二者中的较小值	任何长度均为合格

注：δ为深度，t为管道壁厚。

5 电弧烧痕应打磨掉，打磨后不应使剩下的管壁厚度减小到小于材料标准允许的最小厚度。否则，应将含有电弧烧痕的这部分管子整段切除。

13.3.2 外观检查合格后，应进行焊缝无损检测。从事无损检测人员应具有与其工作相适应的资格证书。

13.3.3 焊缝无损检测应符合下列规定：

1 无损检测应符合国家现行标准《石油天然气钢质管道无损检测》SY/T 4109的有关规定，射线检测及超声波检测的合格等级应符合设计要求，当设计无要求时，射线检测合格级别应为Ⅱ级，超声波检测合格级别应为Ⅱ级。

2 跨越管段的环向焊缝应进行全周长100%超声波检测和100%射线检测。

13.3.4 焊缝返修应符合下列规定：

1 焊缝返修应使用评定合格的返修焊接工艺规程。

2 焊缝不得有裂纹，裂纹焊缝必须从管线上切除。

3 焊缝在同一部位的返修，不得超过2次。根部只允许返修1次，否则应将该焊缝切除。返修后，按原标准检测。

3.9 《石油天然气站内工艺管道工程施工规范》(GB 50540—2009)对检测的相关要求

该标准是国家标准，适用于新建或改(扩)建原油、天然气、煤气、成品油等站内工艺管道工程的施工，自2010年6月1日起实施。

该标准关于无损检测的相关条款有：

7.4 焊缝检验与验收

7.4.1 管道对接焊缝和角焊缝应进行100%的外观检查，外观检查应符合下列规定：

1 焊缝上的焊渣及周围飞溅物应清除干净，焊缝表面应均匀整齐，不应存在有害的焊瘤、凹坑等。

2 对接焊缝允许错边量不应大于壁厚的12.5%，且小于3mm。

3 对接焊缝表面宽度应为坡口上口两侧各加宽0.5~2mm。

4 对接焊缝表面余高应为0~2mm，局部不应大于3mm且长度不应大于50mm。

5 角焊缝的边缘应平缓过渡，焊缝的凹度和凸度不应大于1.5mm，两焊脚高度差不宜大于3mm。

6 盖面焊缝深度不应大于管壁厚度的12.5%，且不应超过0.5mm。咬边深度在0.3~0.5mm之间的，单个长度不应超过30mm，在焊缝任何300mm连续长度内，咬边累计长度不应大于50mm。累计长度不应大于焊缝周长的15%。

7 焊缝表面不应存在裂纹、未熔合、气孔、夹渣、引弧痕迹及夹具焊点等缺陷。

7.4.2 焊缝外观检查合格后方允许对其进行无损检测，无损检测应按现行行业标准《石油天然气钢质管道无损检测》SY/T 4109的规定进行，超出现行行业标准《石油天然气钢质管道无损检测》SY/T 4109适用范围的其他钢种的焊缝应按国家现行标准《承压设备无损检测》JB/T 4730.1~4730.6的要求进行无损检测及焊缝缺陷等级评定。

7.4.4 无损检测检查的比例及合格验收的等级应符合下列要求：

1 管道焊缝应进行100%无损检测，检测方法应优先选用射线检测和超声波检测。管道最终的连头段、穿越段的对接焊缝应进行100%的射线检测和100%超声波无损检测。

2 管道焊缝采用射线检测和超声波检测时，设计压力大于4.0MPa为Ⅱ级合格，设计压力小于或等于4.0MPa为Ⅲ级合格。

3 磁粉检测或渗透检测应按现行行业标准《石油天然气钢质管道无损检测》SY/T 4109的规定进行。

3.10 《油气集输管道施工技术规范》(SY/T 0422—2010)对检测的相关要求

该标准是国家能源局于2010年5月发布的石油天然气行业标准，适用于新建、改建和扩建的陆上油气田集输钢质管道建设工程的施工，自2010年10月1日起实施。

该标准关于无损检测的相关条款有：

10　焊缝质量检验

10.1　焊缝外观质量检验

10.1.1　每道焊缝完成后应进行焊缝外观质量检验，焊缝外观应符合下列要求：

1　焊缝表面不得有裂纹、气孔、凹陷、夹渣及熔合性飞溅。

2　焊缝宽度：每侧超出坡口1.0~2.0mm。

3　焊缝余高不大于1.6mm，局部不大于3mm，但长度不大于50mm。

4　咬边深度应不大于管壁厚的12.5%且不超过0.8mm。在焊缝任何300mm连续长度中，累计咬边长度应不得大于50mm。

5　焊缝错边量：高压管道不应超过壁厚的10%且不大于1mm；中压管道不应超过壁厚的15%且不大于1.6mm。

10.2　焊缝无损检测检测

10.2.1　无损检测人员应具有相应的资格证书。

10.2.2　焊缝无损检测必须在外观质量检验合格后进行。

10.2.3　焊缝无损检测的方法、比例及合格等级要求应按设计规定执行；当设计无规定时，应符合国家现行标准《石油天然气钢质管道无损检测》SY/T 4109的有关规定，检测比例及合格等级且应符合表10.2.3的规定。

表10.2.3　无损检测比例及合格等级

设计压力 P/MPa	超声波探伤		射线探伤	
	抽查比例/%	合格等级	抽查比例/%	合格等级
$P>16$	—		100	Ⅱ
$4.0<P\leqslant16$	100	Ⅱ	10	Ⅱ
$1.6<P\leqslant4.0$	100	Ⅱ	5	Ⅲ
$P\leqslant1.6$	50	Ⅲ		—

10.2.4　当射线检测复验不合格时，应对该焊工所焊的该类焊缝按不合格数量成倍进行扩探，并对原返修焊缝进行复验。若复验、扩探仍不合格，应停止该焊工对该类焊缝的

焊接工作，并对该焊工所焊的该类焊缝全部进行射线复验。

10.2.5 返修后的焊缝应按相关规定进行无损检测。

10.2.6 不能进行超声波或射线探伤的焊缝，应按国家现行标准《石油天然气钢质管道无损检测》SY/T 4109 的要求进行渗透或磁粉探伤。

3.11 其他标准简介

（1）《工业金属管道工程施工质量验收规范》(GB 50184—2011)标准关于检测的相关条款

1.0.2 本规范适用于设计压力不大于42MPa、设计温度不超过材料允许使用温度的工业金属管道工程施工质量的验收。

1.0.3 本规范应与现行国家标准《工业安装工程施工质量验收统一标准》GB 50252 和《工业金属管道工程施工规范》GB 50235 配合使用。

4.0.2 对于铬钼合金钢、含镍低温钢、不锈钢、镍及镍合金、钛及钛合金材料的管道组成件，应对材质进行抽样检验，并应作好标识。检验结果应符合国家现行有关标准和设计文件的规定。

检验数量：每个检验批(同炉批号、同型号规格、同时到货)抽查5%，且不少于一件。

检验方法：采用光谱分析或其他材质复验方法，检查光谱分析或材质复验报告。

4.0.5 GC1 级管道和 C 类流体管道中，输送毒性程度为极度危害介质或设计压力大于或等于10MPa 的管子、管件，应进行外表面磁粉检测或渗透检测，检测结果不应低于现行行业标准《承压设备无损检测　第 4 部分　磁粉检测》JB/T 4730.4 和《承压设备无损检测　第 5 部分　渗透检测》JB/T 4730.5 规定的Ⅰ级。对检测发现的表面缺陷经修磨清除后的实际壁厚不得小于管子公称壁厚的90%，且不得小于设计壁厚。

检验数量：每个检验批抽查5%，且不少于1个。

检验方法：检查磁粉或渗透检测报告，检查测厚报告。

4.0.7 合金钢螺栓、螺母应进行材质抽样检验。GC1 级管道和 C 类流体管道中，设计压力大于或等于10MPa 的管道用螺栓、螺母，应进行硬度抽样检验。检验结果应符合国家现行有关产品标准和设计文件的的规定。

检验数量：每个检验批(同制造厂、同型号规格、同时到货)抽取 2 套。

检验方法：检查光谱分析或材质复验报告，检查硬度检验报告。

5.1.1 弯管制作后的最小厚度不得小于直管的设计壁厚。

检验数量：全部检查。每个弯管的减薄部位测厚不应少于 3 处。

检验方法：检查测厚报告。

5.1.2 GC1 级管道和 C 类流体管道中，输送毒性程度为极度危害介质或设计压力大于或等于 10MPa 的弯管制作后，应进行表面无损检测，合格标准不应低于现行行业标准《承压设备无损检测　第 4 部分 磁粉检测》JB/T 4730.4 和《承压设备无损检测　第 5 部分 渗透检测》JB/T 4730.5 规定的Ⅰ级。缺陷修磨后的弯管壁厚不得小于管子名义厚度的 90%，且不得小于设计壁厚。

检验数量：100% 检验。

检验方法：检查磁粉或渗透检测报告；检查测厚报告。

5.4.1 夹套管的内管有焊缝时，该焊缝应进行射线检测，并应经试压合格后，再封入外管。焊缝质量合格标准不应低于现行行业标准《承压设备无损检测　第 2 部分　射线检测》JB/T 4730.2 规定的Ⅱ级。

检验数量：100% 检验

检验方法：检查射线检测报告。

5.6.1 管道支、吊架组件中主要承载构件的焊缝，应按国家现行有关标准和设计文件的规定进行无损检测。焊缝质量应符合国家现行有关标准和设计文件的规定。

检验数量：应符合国家现行有关标准和设计文件的规定。

检验方法：检查无损检测报告。

6.0.2 当在焊缝上开孔或开孔补强时，应对开孔直径 1.5 倍或开孔补强板直径范围内的焊缝进行射线或超声波检测。射线检测的焊缝质量合格标准不应低于现行行业标准《承压设备无损检测　第 2 部分　射线检测》JB/T 4730.2 规定的Ⅱ级，超声检测的焊缝质量合格标准不应低于现行行业标准《承压设备无损检测　第 3 部分　超声检测》JB/T 4730.3 规定的Ⅰ级。被补强板覆盖的焊缝应磨平。管孔边缘不应存在焊缝缺陷。

检验数量：100% 检验。

检验方法：观察检查，检查射线或超声检测报告。

8.2.1 除设计文件另有规定外，现场焊接的管道及管道组成件的对接纵缝和环缝、对接式支管连接焊缝应进行射线检测或超声检测。对射线检测或超声检测发现有不合格的焊缝，经返修后，应采用原规定的检验方法重新进行检验。焊缝质量应符合下列规定：

1 100% 射线检测的焊缝质量合格标准不应低于现行行业标准《承压设备无损检测　第 2 部分　射线检测》JB/T 4730.2 规定的Ⅱ级；抽样或局部射线检测的焊缝质量合格标准不应低于现行行业标准《承压设备无损检测　第 2 部分　射线检测》JB/T 4730.2 规定的Ⅲ级。

2 100% 超声检测的焊缝质量合格标准不应低于现行行业标准《承压设备无损检测　第 3 部分　超声检测》JB/T 4730.3 规定的Ⅰ级；抽样或局部超声检测的焊缝质量合格标准不应低于现行行业标准《承压设备无损检测　第 3 部分　超声检测》JB/T 4730.3 规定的Ⅱ级。

3　检验数量：应符合设计文件和下列规定：

1）管道焊缝无损检测的检验比例应符合表 8.2.1 的规定。

表 8.2.1　管道焊缝无损检测的检验比例

焊缝检查等级	Ⅰ	Ⅱ	Ⅲ	Ⅳ	Ⅴ
无损检测比例/%	100	≥20	≥10	≥5	—

2）管道公称尺寸小于 500mm 时，应根据环缝数量按规定的检验比例进行抽样检验，且不得少于 1 个环缝。环缝检验应包括整个圆周长度。固定焊的环缝抽样检验比例不应少于 40%。

3）管道公称尺寸大于或等于 500mm 时，应对每条环缝按规定的检验数量进行局部检验，并不得少于 150mm 的焊缝长度。

4）纵缝应按规定的检验数量进行局部检验，且不得少于 150mm 的焊缝长度。

5）抽样或局部检验时，应对每一焊工所焊的焊缝按规定的比例进行抽查。当环缝与纵缝相交时，应在最大范围内包括与纵缝的交叉点，其中纵缝的检查长度不应少于 38mm。

6）抽样或局部检验应按检验批进行。检验批和抽样或局部检验的位置应由质量检查人员确定。

检验方法：检查射线或超声检测报告和管道轴测图。

8.2.2　当焊缝局部检验或抽样检验发现有不合格时，应在该焊工所焊的同一检验批中采用原规定的检验方法做扩大检验，焊缝质量合格标准应符合本规范第 8.2.1 条的规定。

检验数量应符合下列规定：

1　当出现一个不合格焊缝时，应再检验该焊工所焊的同一检验批的两个焊缝；

2　当两个焊缝中任何一个又出现不合格时，每个不合格焊缝应再检验该焊工所焊的同一检验批的两个焊缝。

3　当再次检验又出现不合格时，应对该焊工所焊的同一检验批的焊缝进行 100% 检验。

检验方法：检查射线或超声检测报告和管道轴测图。

8.3.1　除设计文件另有规定外，现场焊接的管道和管道组成件的承插焊焊缝、支管连接焊缝（对接式支管连接除外）和补强圈焊缝、密封焊缝、支吊架与管道的连接焊缝，以及管道上的其他角焊缝，其表面应进行磁粉检测或渗透检测。磁粉检测或渗透检测发现的不合格焊缝，经返修后，返修部位应采用原规定的检验方法重新进行检验。焊缝质量合格标准不应低于现行行业标准《承压设备无损检测　第 4 部分　磁粉检测》JB/T 4730.4 和《承压设备无损检测　第 5 部分　渗透检测》JB/T 4730.5 规定的Ⅰ级。

检验数量：应符合设计文件和本规范第 8.2.1 条的规定。

检验方法：检查磁粉或渗透检测报告和管道轴测图。

8.3.2　当焊缝局部检验或抽样检验发现有不合格时，应在该焊工所焊的同一检验批中采用原规定的检验方法做扩大检验，焊缝质量合格标准应符合本规范第 8.3.1 条的规定。

检验数量：应符合本规范第 8.2.2 条的规定。

检验方法：检查磁粉或渗透检测报告和管道轴测图。

8.4.1 要求热处理的焊缝和管道组成件，热处理后应进行硬度检验。当管道组成件和焊缝重新进行热处理时，应重新进行硬度检验。除设计文件另有规定外，热处理后的硬度值应符合表 8.4.1 的规定。表 8.4.1 中未列入的材料，其焊接接头的焊缝和热影响区硬度值，碳素钢不应大于母材硬度值的 120%；合金钢不应大于母材硬度值的 125%。

检查数量应符合设计文件和下列规定的检查范围：

1 炉内热处理的每一热处理炉次应抽查 10%；局部热处理时应进行 100% 检验。

2 焊缝的硬度检验区域应包括焊缝和热影响区。对于异种金属的焊缝，两侧母材热影响区均应进行硬度检验。

检查方法：检查硬度检验报告和管道轴测图。

表 8.4.1 热处理焊缝和管道组成件的硬度合格标准

母材类别	布氏硬度 HB
碳钼钢（C－Mo）、锰钼钢（Mn－Mo）、铬钼钢（Cr－Mo）：Cr≤0.5%	225
铬钼钢（Cr－Mo）：0.5＜Cr≤2%	225
铬钼钢（Cr－Mo）：2＜Cr≤10%	241
马氏体不锈钢	241

8.4.2 对于硬度抽样检验的管道组成件和焊接接头，当发现硬度值有不合格时，应做扩大检验。硬度值应符合本规范第 8.4.1 条的规定。

检查数量：应符合本规范第 8.2.2 条的规定。

检查方法：检查硬度检验报告和管道轴侧图。

8.4.3 当规定进行管道焊缝金属的化学成分分析、焊缝铁素体含量测定、焊接接头金相检验、产品试件力学性能等检验时，检验结果应符合国家现行有关标准和设计文件的规定。

检验数量：应符合国家现行有关标准和设计文件的规定。

检验方法：按规定的检验方法进行，并检查检验报告。

8.5.6 现场条件不允许进行管道液压和气压试验时，经建设单位和设计单位同意，可采用无损检测、管道系统柔性分析和泄漏试验代替压力试验，并应符合下列规定：

1 所有环向、纵向对接焊缝和螺旋焊焊缝应进行 100% 射线检测或 100% 超声检测；其他未包括的焊缝（支吊架与管道的连接焊缝）应进行 100% 的渗透检测或 100% 的磁粉检测。焊缝无损检测合格标准应符合本规范第 8.2.1 和 8.3.1 条的规定。

2 管道系统的柔性分析方法和结果应符合现行国家标准的有关规定。

3 管道系统应采用敏感气体或浸入液体的方法进行泄漏试验，当设计文件无规定时，泄漏试验应符合下列规定：

1）试验压力不应小于105kPa或25%设计压力两者中的较小值。

2）应将试验压力逐渐增加至0.5倍试验压力或170kPa两者中的较小值，然后进行初检，再分级逐渐增加至试验压力，每级应有足够的时间以平衡管道的应变。

3）试验结果应符合本规范第8.5.7条的规定。

检查数量：全部检查

检验方法：观察检查，检查柔性分析结果、无损检测报告和泄漏性试验记录。

（2）《现场设备、工业管道焊接工程施工质量验收规范》（GB 50683—2011）标准关于检测的相关条款

1.0.2 本规范适用于碳素钢、合金钢、铝及铝合金、铜及铜合金、镍及镍合金、钛及钛合金、锆及锆合金金属材料焊接工程施工质量的验收。

1.0.3 本规范应与现行国家标准《现场设备、工业管道焊接工程施工规范》GB 50236配套使用。

5.0.1 当设计文件对坡口表面要求进行无损检测时，应进行磁粉检测或渗透检测。坡口表面质量不应低于现行行业标准《承压设备无损检测》JB/T 4730规定的Ⅰ级。

检验数量：应符合设计文件的规定。

检验方法：检查磁粉检测报告或渗透检测报告。

6.0.2 对规定进行中间无损检测的焊缝，无损检测应在外观检查合格后进行，焊缝质量应符合本规范第8章的有关规定。

检查数量：符合设计文件的规定。

检查方法：检查无损检测报告。

6.0.4 规定背面清根的焊缝，在清根后应进行外观检查，清根后的焊缝应露出金属光泽，坡口形状应规整，满足焊接工艺要求。当设计文件规定进行磁粉检测或渗透检测时，磁粉检测或渗透检测的焊缝质量不应低于现行行业标准《承压设备无损检测》JB/T 4730规定的Ⅰ级。

检查数量：全部检查。

检查方法：观察检查，检查磁粉检测或渗透检测报告。

7.0.2 现场设备和管道焊后热处理效果检查，应符合设计文件、现行国家标准《现场设备、工业管道焊接工程施工规范》GB 50236的规定。当规定制作产品焊接检查试件时，应符合本规范第8.4.1条的规定。当规定进行硬度检验时，应符合下列规定：

1 除设计文件另有规定外，热处理焊缝和热影响区硬度值应符合表7.0.2的规定。表

7.0.2 中未列入的材料，其焊接接头的焊缝和热影响区硬度值为：碳素钢不应大于母材硬度测定值的120%；合金钢不应大于母材硬度测定值的125%。

表 7.0.2　热处理焊缝和热影响区硬度值

母材类别	布氏硬度 HB
碳钼钢(C－Mo)、锰钼钢(Mn－Mo)、铬钼钢：(Cr－Mo)Cr≤0.5%	≤225
铬钼钢(Cr－Mo)：0.5%＜Cr≤2%	≤225
铬钼钢(Cr－Mo)：2.25%≤Cr≤10%	≤241
马氏体不锈钢	≤241

2　当焊缝重新进行热处理时，应重新进行硬度检验。

3　焊缝的硬度检查区域应包括焊缝和热影响区。对于异种金属的焊缝，两侧母材热影响区均应进行硬度检查。

检查数量：应符合设计文件和国家现行有关标准的规定。

检查方法：检查热处理记录，检查硬度检验报告。

8.1.1　现场设备焊缝的检查等级，应按100%无损检测、局部无损检测、不要求进行无损检测的要求，划分为Ⅰ、Ⅱ、Ⅲ三个等级。现场设备焊缝的外观质量应符合本规范表8.1.1－1、表8.1.1－2的规定。

检查数量：全部检查。

检查方法：观察检查、采用焊缝检查尺测量和检查焊接记录。

8.1.2　管道焊缝的检查等级，应按现行国家标准《工业金属管道工程施工质量验收规范》GB 50184的规定划分为Ⅰ、Ⅱ、Ⅲ、Ⅳ、Ⅴ五个等级。管道焊缝的外观质量应符合国家现行有关标准和本规范表8.1.2－1、表8.1.2－2的规定。

检查数量：全部检查。

检查方法：观察检查、采用焊缝检查尺测量和检查焊接记录。

8.2.1　焊缝表面应按设计文件规定进行磁粉检测或渗透检测。有再热裂纹倾向的焊缝表面无损检测应在热处理后进行。对磁粉检测或渗透检测发现有不合格的焊缝，经返修后，返修部位应采用原规定的检验方法重新进行检验。焊缝质量不应低于现行行业标准《承压设备无损检测》JB/T 4730规定的Ⅰ级。

检验数量：应符合设计文件的规定。

检验方法：检查磁粉或渗透检测报告，检查设备排版图或管道轴测图。

8.2.2　当焊缝磁粉检测(或渗透检测)的局部检验或抽样检验发现有不合格时，应在该焊工所焊的同一检验批中采用原规定的检验方法做扩大检验。焊缝质量应符合本规范第8.2.1条的规定。

检验数量：应符合国家现行有关标准和设计文件的规定。

检验方法：检查磁粉或渗透检测报告，检查设备排版图或管道轴测图。

8.3.1 焊缝内部质量应按设计文件规定进行射线检测或超声检测。对射线检测或超声检测发现有不合格的焊缝，经返修后，应采用原规定的检验方法重新进行检验。焊缝质量应符合下列规定：

1 100%射线检测的焊缝质量不应低于现行行业标准《承压设备无损检测》JB/T 4730 规定的Ⅱ级；抽样或局部射线检测的焊缝质量不应低于现行行业标准《承压设备无损检测》JB/T 4730 规定的Ⅲ级。

2 100%超声检测的焊缝质量不应低于现行行业标准《承压设备无损检测》JB/T 4730 规定的Ⅰ级；抽样或局部超声检测的焊缝质量不应低于现行行业标准《承压设备无损检测》JB/T 4730 规定的Ⅱ级。

检验数量：应符合设计文件和下列规定：

1）管道公称尺寸小于500mm 时，可根据环缝数量按规定的检验数量进行抽样检验，并不得少于一个环缝。环缝检验应包括整个圆周长度。固定焊的环缝抽样检验比例不应少于全部抽样数量的40%。

2）管道公称尺寸大于或等于500mm 时，应对每条环缝按规定的检验数量进行局部检验，且不得少于150mm 的焊缝长度。

3）设备上的纵缝和环缝、管道上的纵缝，应按规定的检验数量进行局部检验，且不得少于150mm 的焊缝长度。

4）抽样或局部检验时，应对每一焊工所焊的焊缝按规定的比例进行抽查。当环缝与纵缝相交时，应在最大范围内包括与纵缝的交叉点处，纵缝的检查长度不应少于38mm。

5）抽样或局部检验应按检验批进行。检验批和抽样或局部检验的位置应由焊接检查人员确定。

6）当在焊缝上开孔或开孔补强时，应对开孔直径1.5倍或开孔补强板直径范围内的焊缝进行100%射线检测或超声检测。被补强板覆盖的焊缝应磨平。管孔边缘不应存在焊缝缺陷。

检验方法：观察检查，检查射线或超声检测报告，检查设备排版图或管道轴测图。

8.3.2 当焊缝射线(或超声检测)的局部检验或抽样检验发现不合格时，应在该焊工所焊的同一检验批中采用原规定的检验方法做扩大检验。焊缝质量应符合本规范第8.3.1条的规定。

检验数量：应符合设计文件的规定。

检验方法：检查射线或超声检测报告，检查设备排版图或管道轴测图。

8.4.1 当按设计文件、国家现行有关标准规定制作产品焊接检查试件时，产品焊接检查试件的准备、焊接、试样制备、力学性能检验方法和合格标准应符合设计文件和现行行业标准《承压设备产品焊接试件的力学性能检验》NB/T 47016 的规定。

检查数量：符合设计文件的规定。

检查方法：检查试件焊接记录和力学性能等试验报告。

8.4.2 当规定进行焊缝金属的化学成分分析、焊缝铁素体含量测定、焊接接头金相检验时，检验结果应符合设计文件的规定。

检验数量：应符合设计文件的规定。

检验方法：按规定的检验方法进行，并检查检验报告。

练 习 题

《压力管道安全技术监察规程——工业管道》(TSG D0001—2009)(以下简称规程)对无损检测的相关规定：

1. 简述规程对无损检测时机的规定。
2. 规程对固定口检测有何特殊要求？
3. 规程对采用射线和超声检测是如何规定的？
4. 规程对返修后扩探是如何规定的？

《压力管道规范　工业管道》(GB/T 20801.1～6)(以下简称规范)对无损检测的相关规定：

5. 规范对累进检查是如何规定的？
6. 规范对全部检查、抽样检查、局部检查是如何定义的？
7. 焊接接头无损检测方法选用射线或超声是如何规定的？

《石油化工金属管道工程施工质量验收规范》(GB 50517—2010)对检测的相关要求：

8. 规范对检测比例是如何规定的？
9. 规范对抽样检验发现超标缺陷后是如何处理的？

《石油化工有毒、可燃介质钢制管道工程施工及验收规范》(SH 3501—2011)对检测的相关要求：

10. 规范对局部检查扩探是如何规定的？
11. 规范在射线检测交叉焊缝部位时是如何规定的？
12. 规范对焊制管件无法避免十字焊缝时在检测方面有何规定？

《油气长输管道工程施工及验收规范》(GB 50369—2006)对检测的相关要求：

13. 规范对咬边尺寸是如何规定的？

第4章　探伤仪、探头及其系统性能校验

JB/T 4730.3—2005、SH/T 3545—2011 和 SY/T 4109—2005 标准均对仪器、探头及其综合性能校验指标进行了规定，其指标基本相同。SH/T 3545—2011 标准规定采用数字式超声探伤仪。

仪器、探头及其系统性能是否满足标准要求，是检测工作能否正常进行的前提条件，是缺陷定位定量的关键。

新购探头应经验收测试合格后方可投入使用。

新购和修理后的仪器应经过测试验收，合格后方可入库保管。仪器投入使用前和投用后每三个月应对仪器的水平线性、垂直线性进行核查。

仪器和探头的综合性能在每次检测前、后应进行复核。

4.1　探伤仪、探头及其系统性能指标

4.1.1　仪器性能校验项目和指标

仪器水平线性误差不大于1%，垂直线性误差不大于5%。

水平线性影响缺陷定位精度和回波信号的判定，垂直线性影响缺陷定量精度。

4.1.2　探头性能校验项目和指标

斜探头入射点(前沿距离 l_0)、K 值、主声束水平方向偏离不应大于2°、主声束垂直方向不应有明显双峰；直探头盲区。

4.1.3　仪器和探头的系统性能校验指标

4.1.3.1　仪器和探头系统灵敏度余量

仪器和探头系统在达到所探工件的最大检测声程时，其有效灵敏度余量不小于 10 dB，且显示屏中杂波高度不超过满幅度的10%。

4.1.3.2　仪器和探头组合的始脉冲宽度

1）SH/T 3545—2011 对仪器和探头组合的始脉冲宽度要求(在扫查灵敏度下)：

a）探测管壁厚度小于或等于10mm 时，始脉冲宽度不应大于2.5 mm 的深度；

b）探测管壁厚度大于10mm小于或等于20mm时，始脉冲宽度不应大于5 mm的深度；

c）探测管壁厚度大于20mm小于或等于30mm时，始脉冲宽度不应大于7 mm的深度；

d）探测管壁厚度大于30mm时，始脉冲宽度不应大于10 mm的深度。

e）直探头始脉冲宽度要求：直探头盲区不大于5mm。

2）JB/T 4730.3—2005对仪器和探头组合的始脉冲宽度要求：

在基准灵敏度下，对于频率为5MHz的探头宽度不大于10mm；对于频率为2.5MHz的探头宽度不大于15mm。

3）SY/T 4109—2005标准对仪器和探头组合的始脉冲宽度要求：

对于管壁厚度5～14mm的探头始脉冲宽度应尽可能小，一般小于或等于2.5mm（相当于钢中深度）。对于厚度大于14mm的标准没有要求。

4.1.3.3 分辨力校验指标

SH/T 3545—2011对斜探头分辨力要求：探测SH－1试块ϕ4和ϕ8孔或CSK－ⅠA试块ϕ40和ϕ44孔的分辨力不小于20dB。

JB/T 4730.3—2005、SY/T 4109—2005和SH/T 3545—2011对直探头分辨力要求相同，均为探测CSK－ⅠA试块85、91、100mm槽要求分辨力不小于20dB。

4.2 校验方法

4.2.1 仪器性能校验

（1）水平线性校验

1）采用HB－50回波探头测试法

将探头参数设置为直探头、声速5920m/s，探头延时置0。设置完毕，将第5次回波前沿接近水平轴的满刻度（约9～10格之间）位置，移动闸门分别至1、2、3、4、5次回波，读取并记录显示数据，将第5次回波所显示的数据除以5，即为每次回波的理论阶梯差值，第5次回波指示值B也是第5次回波的理论值，记录各次回波读数值与理论值之差，将最大差值与0.8B之比再乘以100%即为该仪器的水平线性，计算公式见式（4－1）。回波图示见图4－1，记录表格及内容见表4－1。

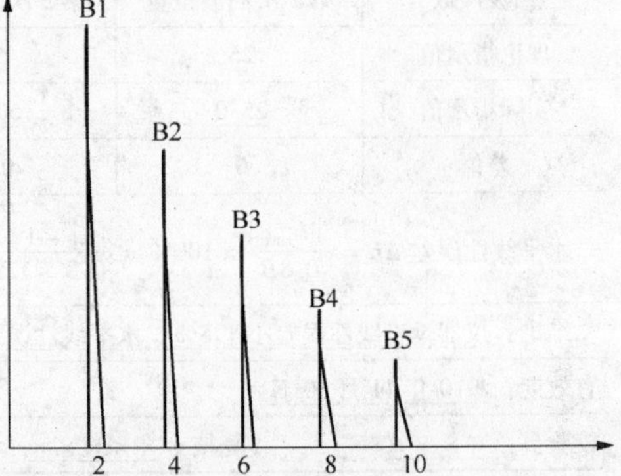

图4－1 水平线性校验回波示意图

2）采用手工试块测试法

选择单直探头，将探头参数设置为直探头、

声速 5920m/s，探头延时置 0，设置完毕，用 CSK－ⅠA（或 CSK－ⅢA）试块，使厚度 25mm（或 30mm）的一次反射波显示值与 25 mm（或 30mm）相对应，第 5 次反射波显示值 B 与 125mm（或 150mm）相对应，并使第 5 次波接近时基线全屏（约 9～10 格之间），移动闸门分别至 2、3、4 次回波，读取并记录显示数据，记录各次回波读数值与实际值之差，选择最大差值，并按式（4－1）进行计算：

$$\Delta L = \frac{|L_{max}|}{0.8B} \times 100\% \qquad (4-1)$$

式中　L_{max}——第 2、3、4 次回波与实际值的差值最大者；

B——示波屏第 5 次回波所对应的实际值（本案中选择 CSK－ⅠA 试块时为 125mm，选择 CSK－ⅢA 试块时为 150mm）。

（2）垂直线性校验

采用 HB－50 回波探头（也可以采用试块。采用试块时应配探头压块，以使回波稳定），将第一次回波（或任意次回波）调至荧光屏满刻度的 100%，以步级 2dB 调节增益，将回波幅度记录在表 4－1 中最大正偏差的绝对值与最大负偏差的绝对值之和为垂直线性误差。

对于仪器水平线性和垂直线性的校验举例如表 4－1（表中加下画线文字部分为示例）。

表 4－1　超声检测仪校验记录

仪器型号	×××××	出厂编号	×××××	生产厂家	×××××

校验规程：超声探伤仪校验规程××××－××××

1. 垂直线性校验

衰减量/dB	0	2	4	6	8	10	12	14	16	18	20	22	24	26
波高理论值/%	100	79.4	63.1	50.1	39.8	31.6	25.1	20.0	15.8	12.5	10.0	7.9	6.3	5.0
波高实测值/%	100	78	64	50	41	31	25	21	16	13	10	8	6	5
偏差 Δ	0	－1.4	0.9	－0.1	1.2	－0.6	－0.1	1.0	0.2	0.5	0	0.1	－0.3	0

$d+=1.2$　　$d-=-1.4$　　$\Delta = |d+| + |d-| = 2.6$

2. 水平线性校验

回波次数	第 1 次回波位置	第 2 次回波位置	第 3 次回波位置	第 4 次回波位置	第 5 次回波位置
理论指示值	25	50	75	100	125
实际指示值	25.0	50.1	74.0	99.0	125.0
差值	0	0.1	－1	－1	0

水平线性误差 $\Delta L = \frac{|L_{max}|}{0.8B} \times 100\% = \frac{|-1|}{0.8 \times 125} \times 100\% = 1\%$

结论：仪器垂直线性误差小于 5%，水平线性误差不大于 1%，符合 JB/T4730.3—2005 标准要求。

有效期：2010 年 11 月 30 日

校验员：××××　　复核：×××××　　2010 年 09 月 1 日

×××××检测机构

4.2.2 探头性能校验

(1) 斜探头入射点(前沿距离)校验

斜探头入射点(前沿距离)决定一次波的最大扫查范围，探头前沿越短，一次波扫查的范围越大，这一点对于薄壁焊缝特别重要。检测薄壁焊缝必须选择短前沿斜探头，否则，一次波很少或不能扫查到焊缝根部。

用 CSK－ⅠA 试块，将斜探头置于图 4－2 中 A 的位置，前后移动探头，找出最高波的位置，此时探头对应试块 R100 圆心的部位即为探头入射点，用直尺测量探头前端距 R100 圆弧端面的距离，其数值与 100mm 之差即为探头前沿距离。曲面探头选择 SH－1 试块，校验方法相同。

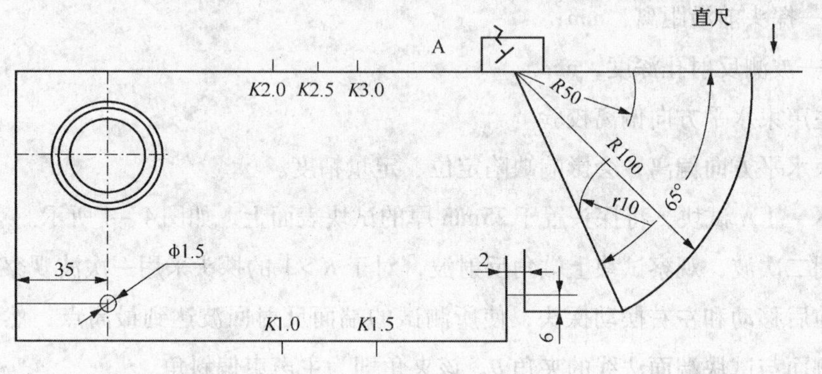

图 4－2　探头入射点校验示意图

(2) *K* 值(或折射角度)校验

斜探头的 *K* 值对时基线的标定、确定主声束的检测范围、回波信号的识别与判定等都具有十分重要的意义。

斜探头本身有一个标称 *K* 值，由于制作精度、环境温度、使用磨损等原因，其实际 *K* 值与标称值会存在一定差异，因此检测前后都应对探头 *K* 值进行校验和确认。

根据检测厚度范围和探头耦合面的不同选择与其相适应的试块。探头耦合面为曲面的探头应选择 SH－1 试块对探头 *K* 值进行校验；探头耦合面为平面时，应选择 CSK－ⅢA 试块进行校验。

现以 SH－1 型试块为例说明 *K* 值测试过程：

将探头置于如图 4－3 所示的位置，前后移动探头，找出与所探测厚度相对应深度的孔的最高反射波，用直尺测量出探头前端至试块端面的距离 L，并按式(4－2)进行计算。

对于小晶片(如 6×6)*K*2.5 及以上的探头测试时，由于晶片尺寸小，探头扩散角大，经常会受到表面波的影响，测试时，将手指沾耦合剂压在探头前(不影响探头移动的部位)或试件端部，即可发现杂波消失。

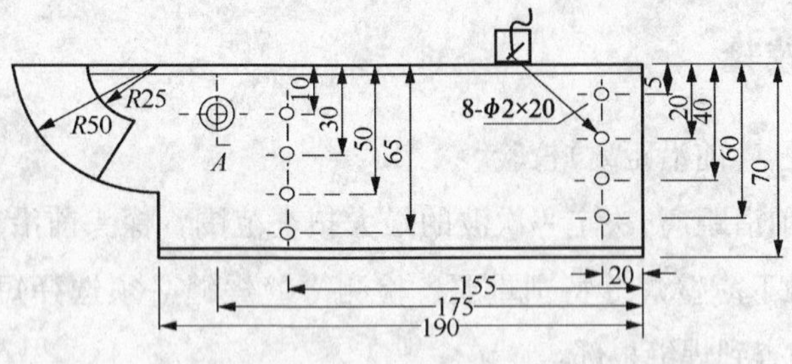

图 4-3　K 值测量示意图

$$K = \frac{L - 20 + l_0}{h} \tag{4-2}$$

式中　L——探头前端至试块端面的距离，mm；

l_0——探头前沿距离，mm；

h——被测反射孔深度，mm。

（3）主声束水平方向偏离校验

主声束水平方向偏离，会影响缺陷定位、定量精度。

用 CSK－ⅠA 试块，将探头置于 25mm 厚的试块表面上，如图 4－4 所示。对于 $K \leqslant 1$ 的探头，采用二次波，观察试块上端角反射波，对于 $K>1$ 的探头采用一次波观察试块下端角反射波，前后移动和左右摆动探头，使所测试的端面反射回波达到最高点，然后用量角器测量探头侧面与试块端面法线的夹角 θ。该夹角即为主声束偏斜角。

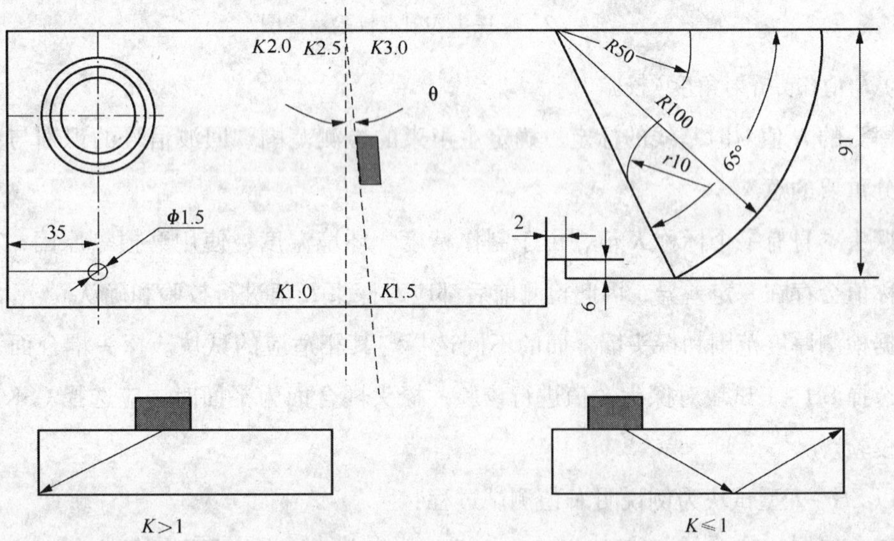

图 4-4　主声束水平方向偏离校验示意图

（4）主声束垂直方向有无明显双峰校验

探头主声束在垂直方向上若存在双峰，则说明探头有 2 个主声束，即 2 个 K 值，因此无法对缺陷信号进行准确判断。

将探头置于如图 4.3 所示的位置，对准所测反射孔，前后移动探头测出回波包络线，观察其有无双峰。

4.2.3　仪器和探头系统性能校验

（1）灵敏度余量校验

灵敏度余量的大小表明其系统的检测能力，灵敏度余量大表明其对较小信号还有潜在的放大能力，否则，其对较小信号无法进行更进一步的放大和分析判断。

1）斜探头灵敏度余量校验

根据所要检测工件的厚度范围，选择 CSK－ⅢA 或 SH－1 试块，选择与检测最大声程对应的反射孔，移动探头使其反射回波达最高值，调节增益，将该反射波调至满幅度的 50%，再调节增益，使其达到评定线灵敏度，此时其灵敏度余量应不小于 10 dB，且显示屏中杂波高度不超过满幅度的 10%。

2）直探头灵敏度余量校验

采用 CSI－4 试块，使 $\phi2$ 平底孔的第一次反射回波高度达 50%，记录探伤仪的灵敏度余量，测量方法示意如图 4－5。

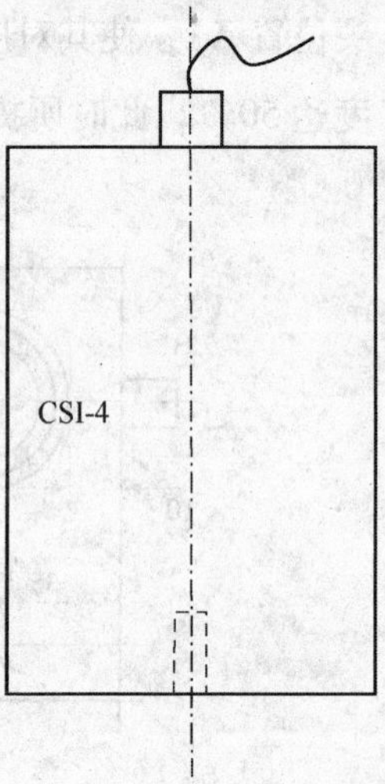

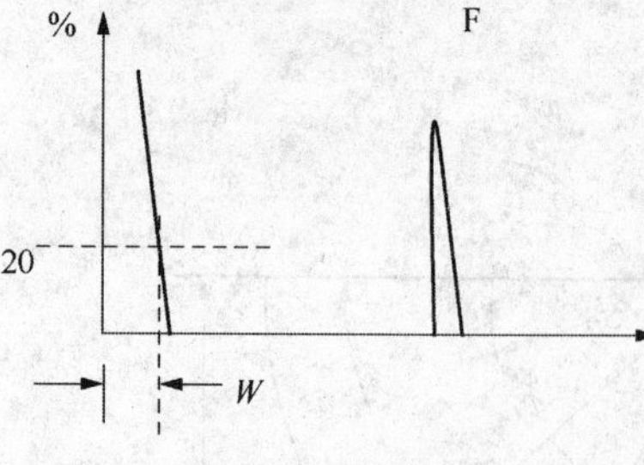

图 4－5　直探头灵敏度余量测试示意图

（2）斜探头始脉冲宽度校验

斜探头始脉冲宽度决定一次波识别深度较小的缺陷的能力，当始脉冲宽度较大时，会将较小深度的缺陷波淹没在始脉冲之中。

始脉冲宽度的校验应根据检测厚度范围，将探头置于 CSK－ⅢA 或 SH－1 试块上，检测与工件壁厚相当的反射孔，将其反射波高调至 50%，再将灵敏度调至评定线灵敏度，然后读取从刻度板的零点至始波后沿与垂直刻度 20% 线交点所对应的水平距离 W，如图 4－6 所示，用钢中横波传播的深度表示。

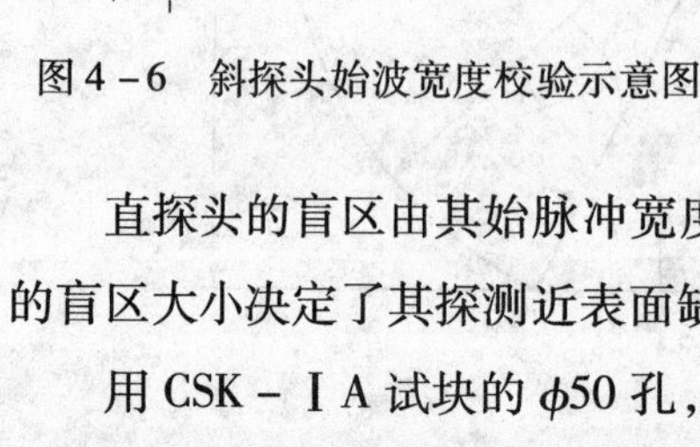

图 4－6　斜探头始波宽度校验示意图

（3）直探头盲区测量

直探头的盲区由其始脉冲宽度决定，始脉冲宽度越大，盲区越大，反之亦然。直探头的盲区大小决定了其探测近表面缺陷或薄壁工件测厚的能力。

用 CSK－ⅠA 试块的 $\phi50$ 孔，可粗略测量盲区大小，将探头置于图 4－7A 的位置，测量 $\phi50$ 孔的反射情况，如果能清晰将始波与反射波分离，则该探头的盲区小于 5mm；将探头置于图 4.7B 的位置，测量 $\phi50$ 孔的反射情况，如果能清晰将始波与反射波分离，则该探头的盲区小于 10mm。

(4) 分辨力校验

分辨力由脉冲宽度决定，它是探头和仪器的系统分辨力，脉冲宽度窄则分辨力高，反之亦然。分辨力表明其对相昤缺陷或信号的分辨能力。

1) 斜探头分辨力校验

将斜探头置于 SH－1 试块 $\phi4$ 和 $\phi8$ 孔或 CSK－ⅠA 试块 $\phi40$ 和 $\phi44$ 孔(如图 4－8 中探头位置 A)，使其对应两孔的反射波均达 50%，之后提高灵敏度使其两反射波相交部位的高度达 50%，此时所提高的增益值即为该斜探头分辨力 dB 值。

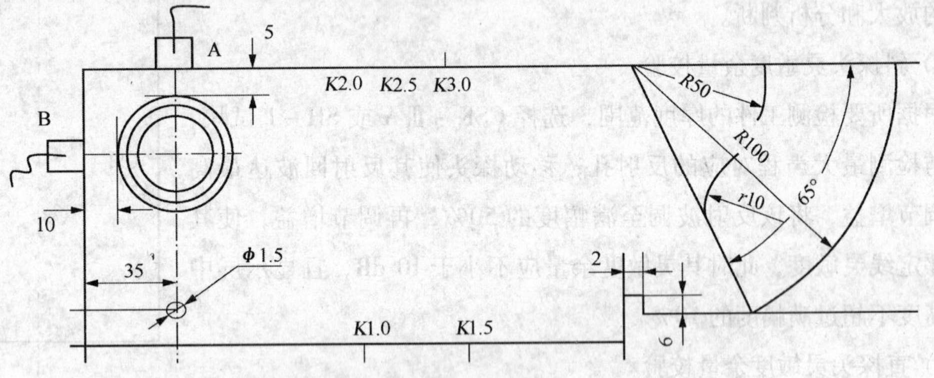

图 4－7　直探头盲区测量示意图

2) 直探头分辨力校验

将直探头置于 CSK－ⅠA 试块如图 4－8 中 B 的探头位置，找出 100、91 和 85 的 3 个反射面回波，移动探头将 91 和 85 的 2 个反射波高调到等高并达满幅的 50%，调节增益或衰减器使两波交叉部位升至满幅 50%，此时增加的 dB 值即为探测 91 和 85 之间的分辨力。同理可得 100 和 91 之间的分辨力。

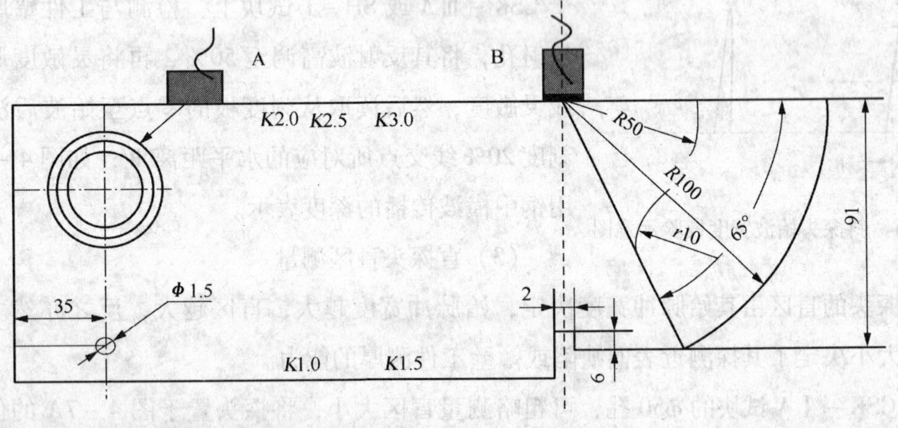

图 4－8　分辨力校验示意图

练 习 题

1. 简述直探头性能校验指标及其对检测工作的影响。
2. 简述斜探头性能校验指标及其对检测工作的影响。
3. 简述仪器性能校验指标及其对检测工作的影响。

第5章　管道对接焊缝超声检测

5.1　脉冲反射式超声检测的原理

超声检测仪通过探头发射超声波脉冲，超声波脉冲通过耦合剂传入工件，超声波在传播路径上遇到缺陷(异质界面)产生反射，其反射回波被探头接收并经过放大处理后显示在荧光屏上。缺陷与探头的距离不同，反射回波在荧光屏上的位置也不同。检测人员根据荧光屏上反射回波的幅度、位置及包络形状进行综合判断后作出评价。缺陷反射回波声压(回波幅度)的大小与信噪比决定了缺陷可识别的程度，决定了检测的灵敏度。反射回波声压(幅度)越高检测灵敏度越高，信噪比越大识别缺陷的能力越强。

5.2　影响缺陷检出率的因素及改进措施

任何一种检测方法都不是万能的，都有其局限性，超声检测方法也是如此。分析影响缺陷检出率的因素，并在工作中采取相应措施加以防范，从而可以提高缺陷的检出率。下面就影响缺陷检出率的因素进行分析。

5.2.1　缺陷反射面的大小及反射面与声束的相对角度

一般来讲，缺陷反射面越大其反射回波声压越高、波幅也越高，反之亦然。但反射面与声束所成的角度决定了有效反射面积的大小。在缺陷表面积相同的情况下与声束相垂直的平面状缺陷具有最大的有效反射面积，反射回波最强，当声束与平面状缺陷平行时，反射面积为零，没有反射回波，则缺陷漏检。若缺陷反射面与声束所成的角度由垂直逐渐过渡到平行，反射声压也由最大逐渐变为零。因此，与声束垂直的裂纹类缺陷超声波反射面最大，检测灵敏度最高，与声束成一定角度或与声束平行的裂纹类缺陷，因有效反射面过小而造成漏检；夹渣类缺陷反射面不规则，声波在缺陷表面产生散射，有效反射面积减小，故反射回波比与声束垂直的平面状缺陷低；气孔缺陷一般呈球形，其反射波发散，探头接收到的回波幅度也较低；垂直于表面的开口裂纹、未焊透和根部未熔合缺陷都具有反射端角，当声束与其端角线相垂直时都会产生强烈反射(见图5－1)。因此超声检测表面开口的裂纹、未焊透和根部未熔合缺陷具有较高的灵敏度。

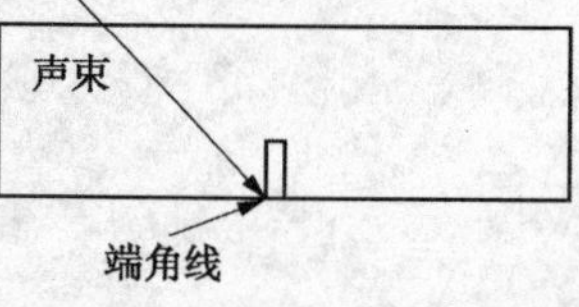

图5－1　端角反射示意图

提高缺陷检出率的措施：选择探头时应选择其声束与预知危害性缺陷相垂直，并沿垂直于缺陷的方向扫查，为了防止漏检可选择两种不同角度的探头进行扫查。扫查时应适当提高检测灵敏度，标准规定采用最大声程处的评定线灵敏度进行扫查。检测横向缺陷时检测灵敏度再提高 6dB。

5.2.2 缺陷与探头的距离

探头晶片面积有限，其发射声波的强度在 1.6 倍近场长度以后随着传播距离的增大呈指数规律衰减，距离越远衰减越大，反射回波也越低。

提高缺陷反射回波的对策如下：

1）选择较大晶片尺寸的探头；

2）提高始波激发电压；

3）增大仪器对接收信号的放大倍数。

5.2.3 仪器与探头组合的系统性能

探头发射强度越高，缺陷反射信号越大，接收到的回波越高；探头接收越灵敏，可识别的反射信号越小，检测灵敏度越高；探头发射脉冲宽度越窄，分辨力和信噪比越高，发现缺陷信号的能力越强；仪器放大倍数越大，识别小信号的能力越强，检测灵敏度越高。

提高系统性能的措施包括选择发射功率高、接收灵敏、增益高、信噪比大的仪器和探头组合。

5.2.4 工件内部组织因素

工件内部组织的不均匀性以及粗大的金属晶粒会使超声波产生严重的衰减，同时也会产生噪声杂波。

解决措施：采用较低频率的探头有助于减少声波衰减，采用窄脉冲探头、聚焦探头能有效提高信噪比，采用大晶片尺寸探头提高发射功率。

5.2.5 工件表面曲率、粗糙度和耦合效果

声波从探头发射，经耦合剂进入工件，在工件内遇到缺陷，产生反射回波，反射回波再经耦合剂被探头接收，探头与工件表面曲率的匹配程度、工件表面的粗糙状况和耦合剂的耦合效果对检测灵敏度有重要影响。

探头与工件表面曲率如果不相匹配，会发生接触不良、耦合剂厚度不均匀，导致声波传播方向发生改变。

工件表面粗糙会增加耦合层的厚度和不均匀性，增加声波的衰减，并产生强烈的杂乱回波，干扰缺陷信号的判定。

改善措施：提高探头与工件表面曲率的一致性（标准要求曲率相差不超过 10% 或 $R > W^2/4$），清除工件表面杂质并使其光滑，以达到探头与工件紧密接触。选择传声效果良好的

耦合剂均匀涂布于工件表面，确保声波有效传输。

5.2.6 探头频率

探头频率越高，波长越短，发现小缺陷的能力越强。一般来讲，超声检测发现缺陷的极限尺寸为 $\lambda/2$，即半波长。频率高也有利于提高声束的指向性，但频率越高在粗晶材料中会产生严重的衰减和产生杂波噪声。

解决措施：对于晶粒度较细的材质可以选择较高频率的探头，对于奥氏体不锈钢焊缝和铸钢件的检测应采用较低频率的探头，采用聚焦斜探头、双晶斜探头有利于提高信噪比。

5.3 管道环向对接焊缝超声检测方法及工艺卡的制定

在石化管道工程施工中，管线由直管、管件、法兰、阀门等管道组成件焊接连接而成，这些焊缝的结构较平板对接双面焊的焊缝有所不同，对其进行超声检测时应充分考虑其结构和焊接的特点，制定有针对性的检测工艺，才能有效的保证检测质量。

管道环焊缝检测根据行业检测标准的不同，分为两部分。

（1）SH/T 3545—2011 标准适用于壁厚 $t \geqslant 7$mm、外径 $D > 100$ mm 的铁素体钢管道对接焊缝超声波检测。该标准对于直管与法兰、阀门、弯头、三通等管道组成件对接的焊缝，由于条件限制只能从焊缝的直管侧进行扫查的，要求采用两种 K 值探头分别进行扫查，并在报告中注明；

（2）SY 4109—2005 标准适用厚度 5 ~ 50mm，管径 57 ~ 1400mm 的碳素钢、低合金钢等金属材料的石油天燃气长输、集输及其站场的管道环向对接焊缝检测。该标准不适用于弯头与直管、带径法兰与直管、回弯头与直管对接焊缝的检测。

5.3.1 管道对接环焊缝的结构型式与检测特点

对于直径小于 1.2m 的管道，由于条件限制，焊接人员不能进入管内焊接操作，一般只能从管外进行单面焊接（直径大于 1.2m 的管道，条件允许时可以采用双面焊接，双面焊接与压力容器平板对接的焊接工艺类似）。管道焊接工艺一般为先打底焊、再填充焊、最后进行盖面焊。对于装置内工艺管道，一般采用氩弧焊打底，手工电弧焊填充、盖面；对于大直径的厚壁管焊缝也采用氩弧焊打底、埋弧自动焊填充和盖面的方式焊接。对于薄壁或小径管多采用全氩弧焊焊接；对于长输管道，一般采用纤维素焊条手工电弧（下向）焊打底，药芯焊丝手工半自动（下向）焊填充、盖面，焊接时 2 名焊工同时在焊缝顶部 12 点位置开始向两侧焊接，至焊缝底部 6 点位置汇合。

采用单面焊其坡口型式采用 V 型或 U 型，其中 V 型坡口一般适用于壁厚 16 mm 以下的焊缝，U 型坡口适用于壁厚 16 mm 以上的焊缝。

管道焊接采用单面焊双面成型工艺。由于现场条件限制、操作不便或操作不当时，易产生根部未焊透、未熔合、内凹、焊瘤、烧穿、咬边、错边等缺陷。

对于管子曲率半径较小、管壁厚度较薄的焊缝，常规超声检测难度较大。曲率半径小，普通探头与检测面难以良好接触，声波不能有效传入工件，曲面耦合损失大；耦合不好会引起杂波增多，增大了缺陷信号判断的难度；簿壁管根部缺陷反射信号与上、下表面反射回波位置区分困难。

根据管道焊缝的上述特点，管道焊缝超声检测人员必须经过专业培训，使其具有管道焊缝检测的技能和经验，并经考核确认后方可从事管道焊缝的超声检测工作。

5.3.2 检测方法

管道对接环焊缝超声检测以斜探头横波检测为主。

直管与直管连接的管道环焊缝一般采用一种 K 值探头，用直射波法(一次波法)和一次返射波法(二次波法)在对接焊缝的单面双侧(外表面焊缝两侧)进行检测。

对于直管与管件、法兰、阀门连接的对接环焊缝，由于结构条件所限，只能从焊缝的直管侧进行扫查，为了减少缺陷漏检，应采用两种 K 值探头分别进行扫查，以检出不同反射角度的缺陷。

对于弯头与弯头、弯头与法兰等管件之间的环焊缝，如果不能保证至少有一侧可以进行探头移动扫查，必须采取特殊措施(如磨平余高)方可进行超声检测。

对于易产生表面裂纹的耐热钢材料，SH/T 3545—2011《石油化工管道无损检测标准》中对有超声检测要求的焊缝，规定须增加表面无损检测，表面无损检测方法可选择磁粉或渗透检测。

探测焊缝根部缺陷应采用一次波，上部缺陷一般用二次波。为了保证一次波扫查到焊缝的根部，对于管壁较薄的焊缝要选择小晶片、短前沿、大 K 值斜探头。

对于只能在一侧扫查的焊缝，当客户要求探头横跨焊缝扫查时，焊缝余高应磨平。

对于特殊情况下，客户要求进行小径管对接焊缝超声检测时，应选择有经验的超声检测人员，制定专用的检测工艺，用模拟试件进行验证，确认能够保证检测质量的情况下方可以进行检测。小径管检测工艺的要点是：选择小晶片、短前沿、大 K 值、杂波少的探头，探头与工件的接触面曲率与被探工件曲率相同或相近(曲率差不超过 10%)，一次波能扫查到焊缝根部，扫查范围不低于厚度的 1/4，尽可能采用一次波检测，保证未焊透类危害性缺陷不漏检。鉴于上述原因 SH/T 3545—2011 标准限制对此类规格管道焊缝的超声检测。

直管与直管、直管与法兰、弯头等管件对接焊缝的检测示意见图 5－2。

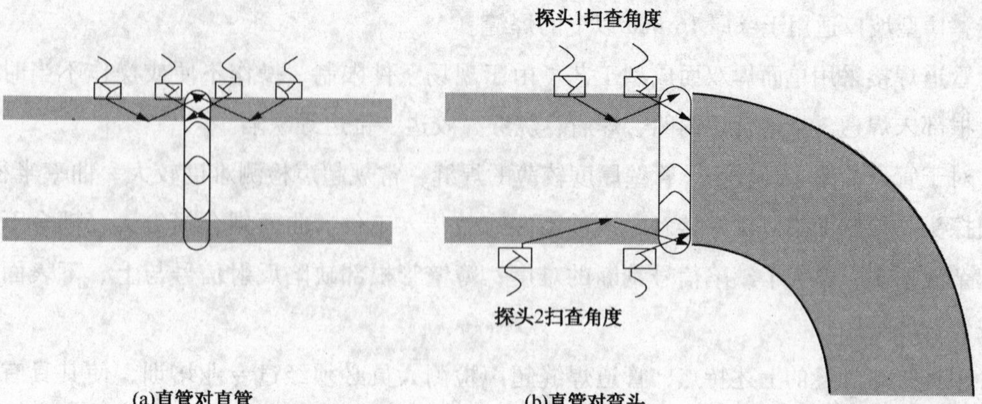

(a)直管对直管　　(b)直管对弯头

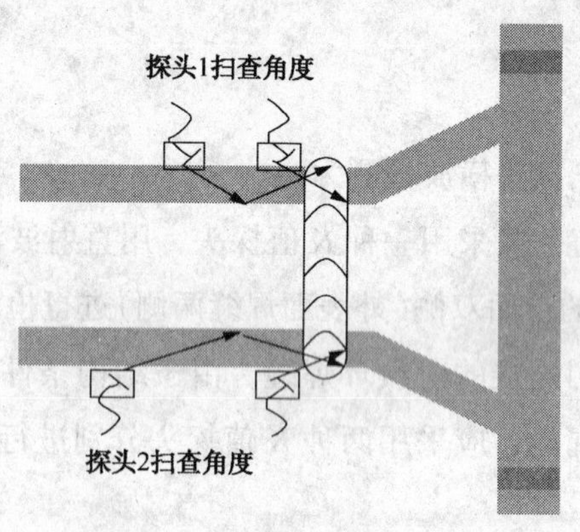

(c)直管对法兰

图5－2　直管与直管和直管与法兰、弯头对接焊缝检测示意图

5.3.3　检测条件的选择

5.3.3.1　检测面的准备

检测面即探头扫查时探头与工件相接触的表面。

超声检测前，对接焊缝的表面质量应经质量检查员外观检查合格。所有影响超声检测的锈蚀、飞溅和污物等都应予以清除。检测前应了解焊缝结构，了解焊缝两侧壁厚是否相等，用纵波直探头或测厚仪对检件的扫查部位和紧靠焊缝部位进行厚度测定确认，防止信号误判。当测量值与委托标称值相差较大时，应通知委托方，并在记录和报告中注明。

检测区的宽度为焊缝宽度再加上焊缝两侧各相当于母材厚度30%的一段区域，这个区域最小为5mm，最大为10mm(见图5－3)。

探头移动区P长度是焊缝整个截面被声波全覆盖的保证，探头移动区P长度按公式(5－1)计算；

$$P \geqslant 3TK \tag{5-1}$$

式中　P——探头移动区宽度，mm；

T——母材厚度，mm；

K——探头K值。

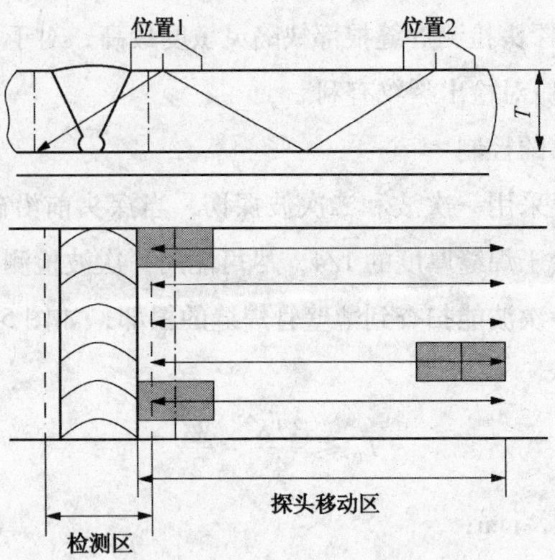

图 5－3　检测区域和探头移动区

5.3.3.2　耦合剂的选择

探头与工件的耦合效果是声波进、出工件的关键。耦合效果好，声能损失少，检测灵敏度高，反之则灵敏度低。在管道焊缝检测中，常用的耦合剂有甘油、机油和化学浆糊等，使用最多的是化学浆糊，既环保又经济。

1）对工件表面粗糙、超声波耦合要求高的工件检测时，可采用甘油作耦合剂。其优点是声阻抗大，耦合效果好，缺点是易吸取空气中的水分，容易对工件形成腐蚀坑、价格较贵。

2）机油是一种广泛应用的耦合剂，它附着力、黏度、润湿性都较适当，对受检工件无腐蚀、价格不太贵，但机油对工件和施工现场有一定的污染。

3）化学浆糊的耦合效果与机油差别不大，且黏稠度可调节、具有较好的水洗性，价格便宜，对工件和人体无污染，是最常用的耦合剂。

5.3.3.3　探头的选择

（1）　探头频率的选择

对于厚度较薄的焊缝，探头频率一般选用 5MHz；管壁厚度大于 30mm 时，探头频率宜采用 2.5MHz。

（2）　斜探头角度（K 值）的选择

斜探头角度（K 值）的选择应考虑以下三个方面的因素：

1）探头前后移动时声束应能扫查到整个检测区截面，一次波扫查的深度范围不少于焊缝厚度的 1/4；

2）斜探头的声束中心线应尽量与该焊缝可能出现的危险性缺陷垂直；

3）当只能从焊缝的一侧进行扫查时，必须考虑增加另一种角度的探头，以保证各种角度的缺陷都能检出。两个探头的折射角度差值应不少于 10°。

实验证明，选择 $K1$ 探头检测焊缝根部缺陷灵敏度最高，对于垂直于焊缝表面的裂纹缺陷，选择大 K 值（$K2 \sim K3$）对检出裂纹有利。

（3）斜探头前沿距离的控制

管道对接环焊缝一般采用一次波和二次波探伤，当探头前沿碰到焊缝余高时，一次波扫查的焊缝横截面应不少于焊缝厚度的1/4，尽可能用一次波检测更多的范围。探头前沿应尽可能的短，必须保证一次波能扫查到薄壁管焊缝的根部，如图5-4所示。探头前沿距离应满足公式（5-2）的要求。

$$L_0 \leqslant \frac{3TK}{4} - \frac{W'}{2} \tag{5-2}$$

式中 L_0——探头前沿距，mm；

K——探头 K 值；

T——工件厚度，mm；

W'——焊缝宽度，mm。

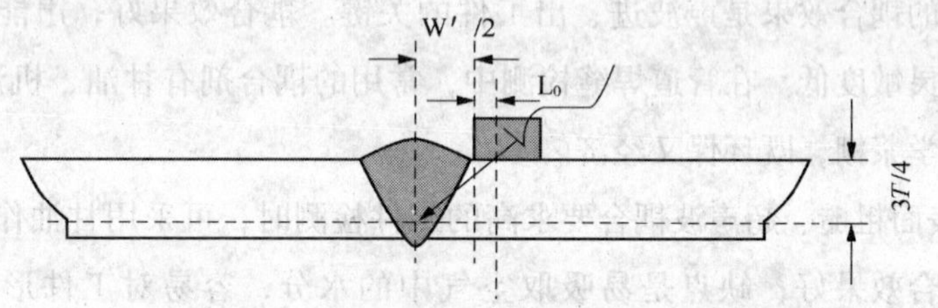

图5-4 探头 K 值、焊缝宽度及探头前沿距离关系图

（4）探头晶片尺寸的选择

探头晶片尺寸与探头尺寸是两个概念，但晶片尺寸大其探头尺寸也相应增大。

探头晶片尺寸的选择应考虑以下因素：

对于曲率大的管道焊缝，探头与管壁如不能紧密接触，会造成耦合不好，因此要适当控制探头晶片尺寸，保证探头与工件表面紧密接触，并耦合良好；探头尺寸应按公式（5-3）进行控制。

$$R > W^2/4 \tag{5-3}$$

式中 R——管子曲面半径，mm；

W——探头宽度尺寸，mm。

在保证接触面满足上述要求的情况下，要有足够的发射能量，尤其是对于厚壁焊缝检测，探头晶片尺寸要满足灵敏度要求。

探头与管子应有良好接触，保证耦合效果。检测外径小于159mm的管道焊缝，探头楔块的曲率应修磨至与管子外曲面相吻合的形状，修磨后的探头应重新测定其 K 值和前沿距离。探头的一次波至少扫查到焊接接头根部。探头与管子的接触面尺寸应满足表5-1的规定。

表 5－1 探头宽度选择 单位：mm

管子外径 D_0	探头接触面宽度 W
$100 \leqslant D_0 < 159$	≤12 或修磨至与工件曲面匹配
$159 \leqslant D_0 < 219$	≤16
$219 \leqslant D_0 \leqslant 325$	≤18
$D_0 > 325$	≤20

始脉冲宽度应尽可能窄，对于薄壁焊缝检测，这一参数特别重要。

SH/T 3545—2011《石油化工管道无损检测》标准对斜探头的选取规定见表 5－2。

SY/T 4109—2005《石油天然气钢制管道无损检测》标准对斜探头的选取规定见表 5－3。

表 5－2 SH/T 3545—2011 标准对斜探头 K 值和前沿距离的规定

厚度 T/mm	采用单个斜探头在焊缝两侧进行扫查时探头的 K 值	采用两种 K 值探头在焊缝的一侧进行扫查时探头的 K 值		探头前沿距离/mm	始脉冲宽度（相当于钢中的深度）/mm
		探头 1	探头 2		
$7 \leqslant T \leqslant 10$	3.0～2.5	2.0	3.0	≤5	1）管壁厚≤10mm 时，始脉冲宽度≤2.5 mm；2）管壁厚＞10～20mm 时，始脉冲宽度≤5 mm；3）管壁厚＞20～30mm 时，始脉冲宽度≤7 mm；4）管壁厚＞30mm 时，始脉冲宽度≤10 mm
$10 < T \leqslant 15$	3.0～2.0	2.0	3.0	≤8	
$15 < T \leqslant 35$	2.5～2.0	1.5	2.5	≤10	
$35 < T \leqslant 46$	2.0～1.5	1.0	2.0	≤12	
$46 < T \leqslant 100$	/	1.0	2.0	≤15	

表 5－3 SY/T 4109—2005 标准对斜探头 K 值和前沿的规定

管壁厚度/mm	折射角度/（°）	探头 K 值	探头前沿/mm	始脉冲宽度（相当于钢中的深度）/mm
5～8	71.5～68.2	3.0～2.5	壁厚小于 6mm 时，前沿小于等于 6mm，壁厚大于 6mm 时可适当增大	管壁厚≤14mm 时，始脉冲宽度≤2.5 mm，厚度大于 14mm 时没有规定
＞8～14	68.2～63.5	2.5～2.0		
＞14～50	63.5～45	2.0～1.0		

探头的选择是一个矛盾体，探头各参数之间互相制约。探头晶片尺寸大，灵敏度高，但前沿和始脉冲宽度会增大；探头晶片尺寸小，灵敏度低，但前沿和始脉冲宽度会缩短；探头 K 值大有利于增大一次波扫查范围和垂直于表面的裂纹检出率，但二次波扫查时声程增加过大，降低了表面和近表面缺陷的扫查灵敏度。探头 K 值小有利于提高根部缺陷的判定和定位精度，但降低了一次波的检测覆盖范围，降低了垂直于表面的裂纹检出率。

5.3.3.4 试块的选择

试块用来校准仪器、探头及其系统性能和检测灵敏度、制作距离－波幅曲线。SH/T 3545—2011《石油化工管道无损检测标准》规定的标准试块有 CSK－ⅠA、CSK－ⅢA 和 SH－1三种。SY/T 4109 标准规定的试块有 SGB 系列和 SRB 试块。各种试块形状和尺寸见图5－5～图5－9。

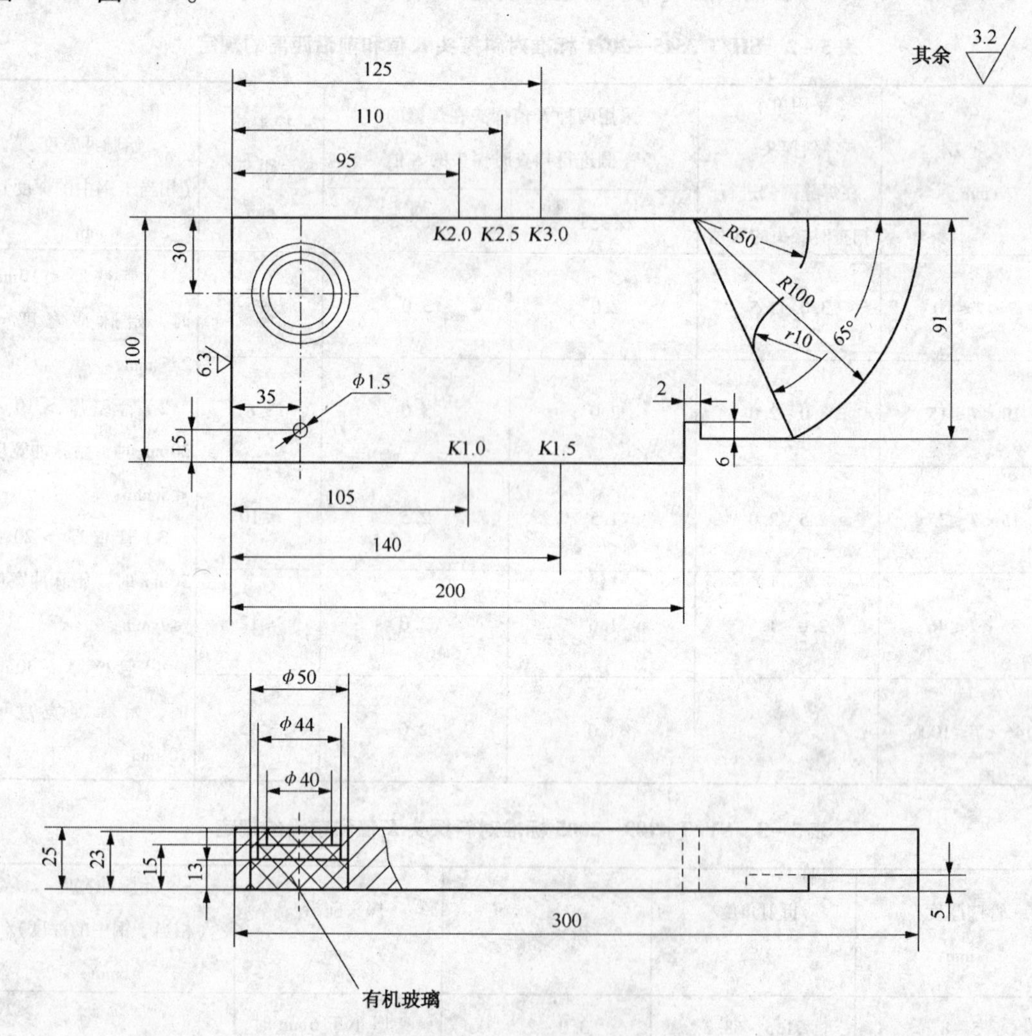

图5－5 CSK－ⅠA 试块

注：尺寸误差不大于 ±0.05mm

CSK－ⅠA 和 CSK－ⅢA 适用于管外径大于或等于 159mm 的焊接接头；SH－1 试块适用于管外径大于或等于 100mm 且小于 159mm 的焊接接头，其中试块 R60 曲面适用于管外径大于或等于 100mm 且小于 130mm 的焊接接头，*R*72 曲面适用于管外径大于或等于 130mm 且小于 159mm 的焊接接头。在满足灵敏度要求时，试块上的人工反射体根据检测需要可采取其他布置形式或添加，也可采用其他形式的等效试块。SGB 系列试块适用规格范围见表 5－4，SRB 试块是未焊透深度对比试块。

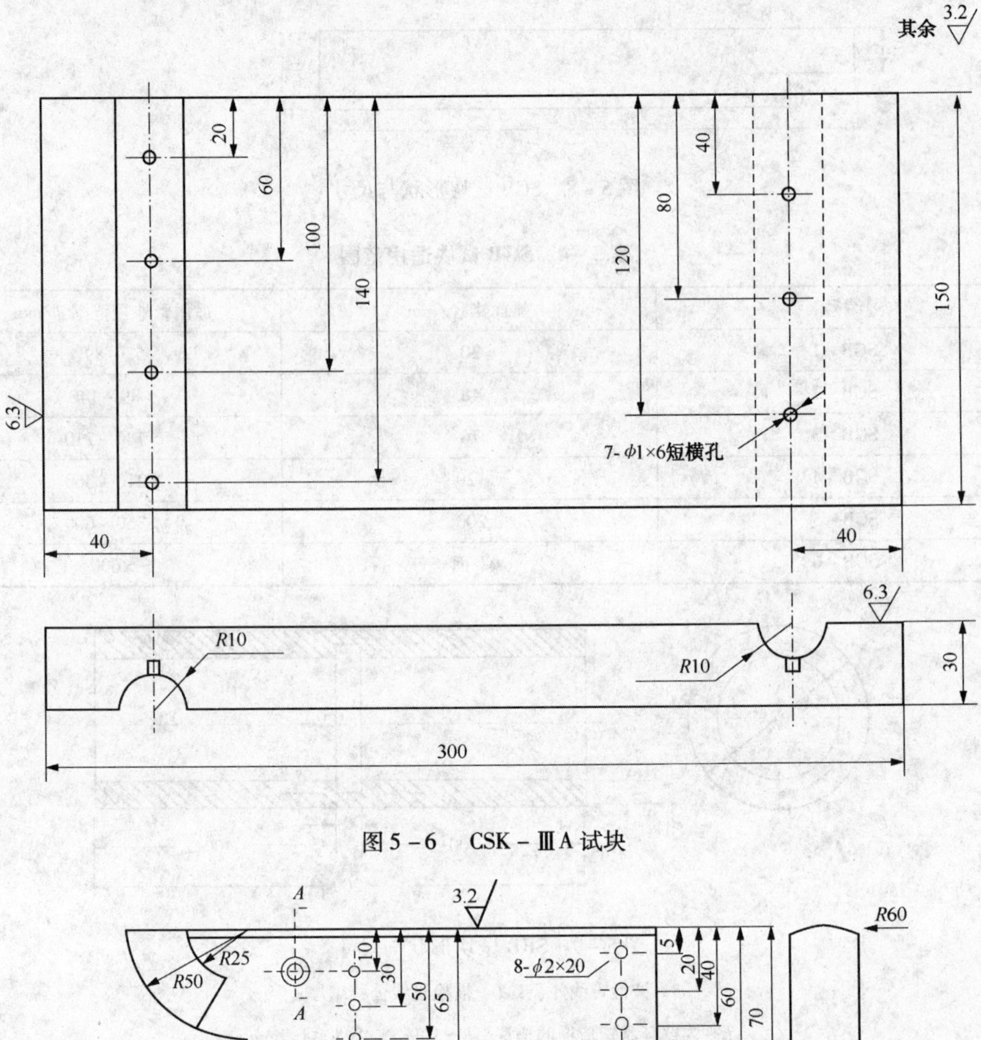

图 5－6　CSK－ⅢA 试块

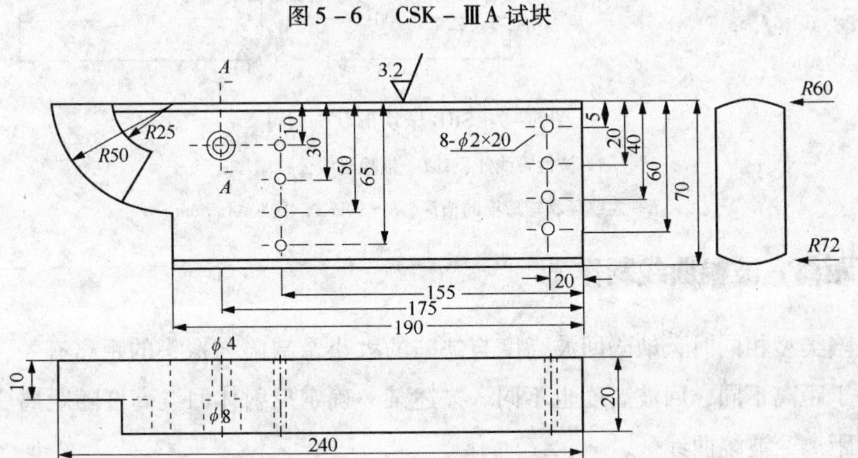

图 5－7　SH－1 试块

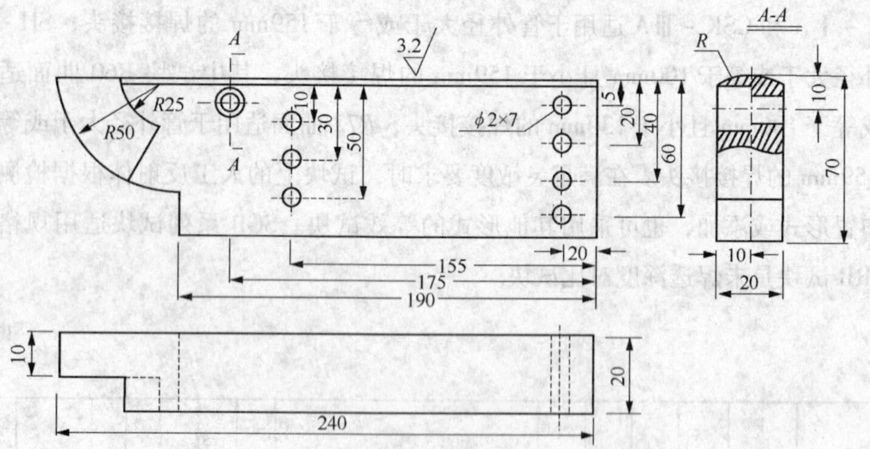

图 5－8　SGB 试块形状与尺寸

表 5－4　SGB 试块适用范围

编号	弧面半径/mm	适用管外径范围 ϕ/mm
SGB－1	30	57～89
SGB－2	48	＞89～140
SGB－3	76	＞140～210
SGB－4	120	＞210～360
SGB－5	200	＞360～600
SGB－6	平面	＞600

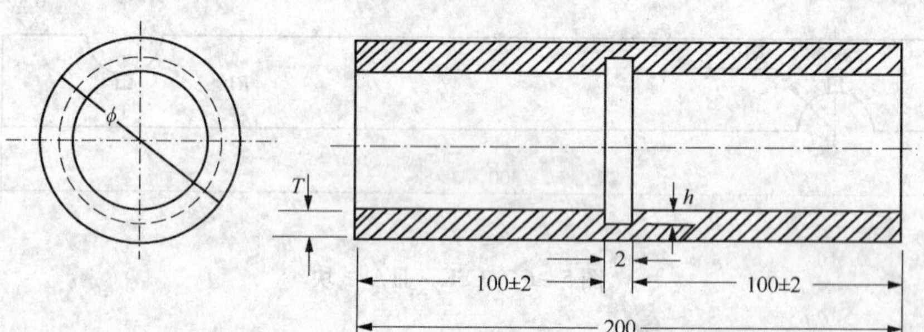

图 5－9　SRB 试块形状与尺寸

ϕ—被检管线外径；T—被检管线公称壁厚；

h—内壁环状矩形槽的槽深，$h = 10\%\mathrm{T}$，且 $h \leqslant 1.5\mathrm{mm}$

5.3.4　距离－波幅曲线制作

当缺陷类型相同时，缺陷回波高度与缺陷的大小及缺陷与探头的距离有关，大小相同的缺陷由于距离不同，回波高度也不同。描述某一确定反射体回波高度随距离变化的关系曲线称为距离－波幅曲线。

国内外焊缝超声检测的标准中，均采用距离－波幅曲线进行检测灵敏度的调整和缺陷当量的评定，距离 - 波幅曲线采用标准反射体进行制作。JB/T 4730.3—2005 标准采用 ϕ2mm ×40 mm 长横孔和 ϕ1mm ×6 mm 短横孔，SH/T 3545—2011 标准采用的 ϕ2mm ×20 mm 长横孔和 ϕ1mm ×6 mm 短横孔，SY/T 4109—2005 采用的 ϕ2mm ×20 mm 长横孔和开内壁环状矩形槽。

用所选探头和仪器在标准试块上实测不同深度的孔，找出每孔的最高波幅，将其所得数据按深度(水平距离)与对应回波幅度绘制成曲线，该曲线即为距离 - 波幅曲线的基准线，根据相关标准对检测灵敏度的规定，在基准曲线的基础上增益或衰减规定的 dB 数即得出由评定线、定量线和判废线组成的曲线族，评定线与定量线之间(包括评定线)为Ⅰ区，定量线与判废线之间(包括定量线)为Ⅱ区，判废线及其以上区域为Ⅲ区，如图 5-10 所示。

下面以 SH - 1 试块为例，介绍距离 - 波幅曲线的制作步骤：

(1) 测定探头的入射点和 K 值，并调节扫描速度(扫描线比例)

将探头置于试块 SH - 1 图 5-11 所示的位置，找出 R50(R25)圆弧面回波的最高点，此时探头与 SH - 1 型试块侧面“0”点对应的点，即为探头入射点。入射点到探头前端的距离”L_0”即为前沿距离。

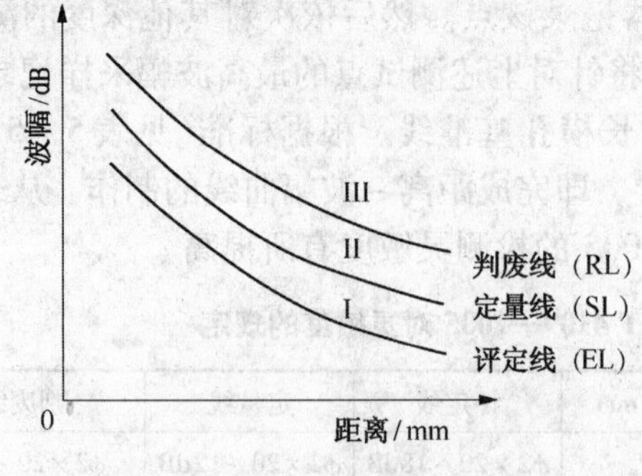

图 5 - 10　距离 - 波幅曲线

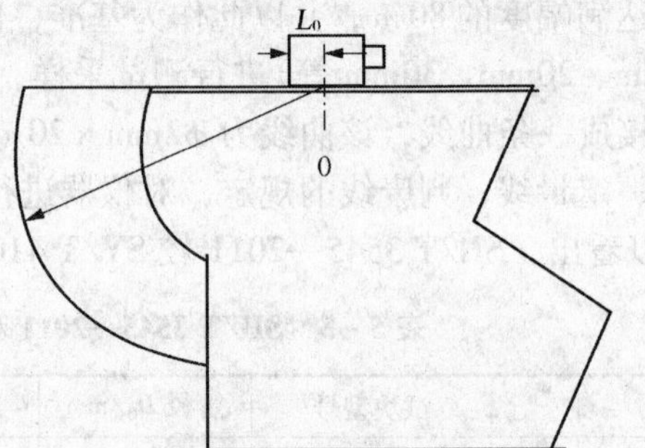

图 5 - 11　探头前沿(声束入射点)测定示意图

利用 SH - 1 型试块深度 h = 10mm 的 ϕ2mm 通孔进行测定，将探头置于如图 5-12 所示的位置测试探头折射角，找出 h = 10mm 的 ϕ2mm 通孔最大回波，测量探头前端至 ϕ2mm 通孔距离 L，则探头折射角 β 由公式(5 - 4)求得。折射角测定时，对于厚度小于 20mm 的工件应选择与受检工件厚度接近的孔进行测试；对于厚度大于等于 20mm 的工件，折射角的测定可选择深度为 30mm 或 40mm 孔进行测试。

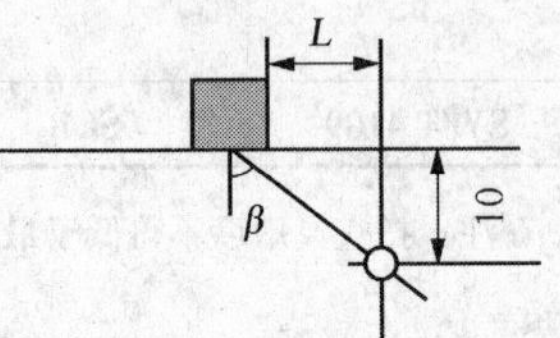

图 5 - 12　探头折射角测定示意图

$$\beta = \mathrm{arctg}\frac{L_0 + L}{h} \quad 或 \quad K = \mathrm{tg}\beta = \frac{L_0 + L}{h} \qquad (5-4)$$

式中　β——探头折射角；

K——探头 K 值；

L_0——探头前沿距，mm；

L——探头前沿距反射孔的水平距离，mm；

h——反射孔的深度，mm。

测准 K 值后，将所测 K 值输入仪器对应的参数栏内并确认。有的仪器利用 CSK－ⅠA 试块 $\phi50$ 孔自动计算 K 值，具体测试方法因仪器不同而有所不同，应参照所用仪器说明书进行操作。

将斜探头放置在 SH－1 试块的 $R50$ 和 $R25$ 的圆心处，如图 5－11 的位置，前后移动探头，直到 $R50$ 和 $R25$ 的反射回波同时出现在波形显示区内，并确定其最高波，然后利用仪器的自动调校功能完成扫描速度的调节。

（2）制作距离－波幅曲线

一般应选择 3～4 个不同深度的孔，要能达到工艺规定所达到的最大声程值。

根据检测标准，选择与实际工件相对应的曲面试块制作距离－波幅曲线。

现以 SH/T 3545—2011 标准为例，采用 SH－1 试块进行距离－波幅曲线制作。其他标准的距离－波幅曲线制作方法与此类同。

将探头置于 SH－1 试块上，移动探头并调节增益使深度为 5mm 的第一个测试孔的最高回波达满幅度的 80%，并以此作为基准，使仪器记录该点。然后依次对其他深度的测试点（10mm、20mm、30mm 等）进行测试采样，仪器将针对上述测试点的最高波幅采样记录，自动连接成一条曲线，该曲线为 $\phi2mm\times20$ mm 的长横孔基准线。根据标准（见表 5－5）对评定线、定量线、判废线的规定，对仪器进行设置，即完成距离－波幅曲线的制作。从表 5－5 可以看出，SH/T 3545—2011 较 SY/T 4109—2005 的检测灵敏度有所提高。

表 5－5　SH/T 3545—2011 和 SY/T 4109—2005 对灵敏度的规定

	试块型号	管径 D_0/mm	厚度 T/mm	评定线	定量线	判废线
SH/T 3545	SH－1	$100\leqslant D_0<159$	$7\leqslant T$	$\phi2\times20-18$dB	$\phi2\times20-12$dB	$\phi2\times20-4$dB
	CSK－ⅢA	≥159	$7\leqslant T\leqslant15$	$\phi1\times6-12$dB	$\phi1\times6-6$dB	$\phi1\times6+2$dB
			$15<T\leqslant46$	$\phi1\times6-9$dB	$\phi1\times6-3$dB	$\phi1\times6+5$dB
			>46	$\phi1\times6-6$dB	$\phi1\times6-0$dB	$\phi1\times6+10$dB
SY/T 4109	SGB	≥57	5～50	$\phi2\times20-14$dB	$\phi2\times20-8$dB	$\phi2\times20-2$dB

注：扫查灵敏度不得低于最大声程处的评定线灵敏度。

5.3.5　扫查方式

探头扫查方式如图 5－13（a）所示，探头始终垂直于焊缝，沿焊缝作弓形移动。弓形移动的间距应小于探头晶片宽度的一半。扫查速度不得超过 150mm/s。

为了观察缺陷的动态波形或区分伪缺陷信号，确定缺陷位置、方向和形状，对缺陷回波应进行精测，精测时可采用前后、左右、转角等扫查方法，如图 5－13（b）。

扫查过程中，耦合剂要涂布均匀，对探头的压力要保持平稳，移动速度要保持均匀，以保证声耦合良好。

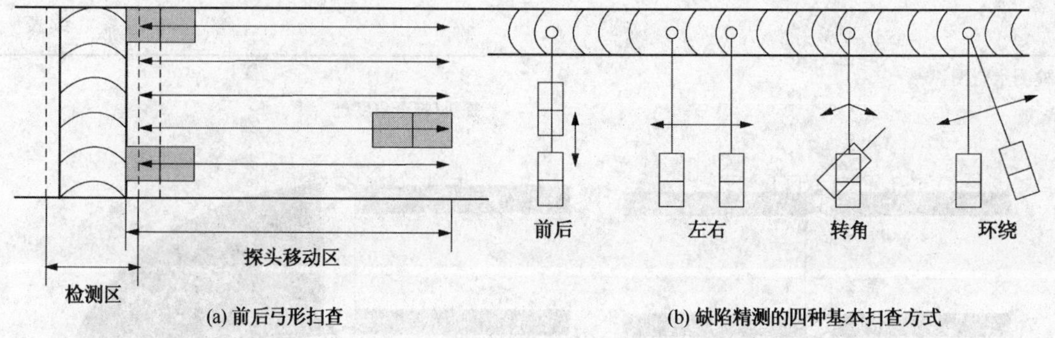

图 5－13　探头扫查方式

5.3.6　检测工艺卡的编制

检测工作开始前应针对检测对象和检测要求编制检测工艺卡。

检测工艺卡的格式和内容参见 SH/T 3545—2011《石油化工管道无损检测标准》推荐格式(表 5－5)。

工艺卡的编制原则：工艺卡要能够真正指导检测工作，使检测人员能够看懂，按工艺卡的规定进行操作即能达到检测要求。编制检测工艺卡重点关注的内容如下：

1）探头数量和参数能够满足标准和实际检测的需要；

2）检测面要明确；

3）试块和检测灵敏度符合标准要求。

下面对管道超声检测工艺卡的编制进行举例。

例 1. 已知某石化装置检修改造工程，有一条规格为 $\phi219\times20$mm 的碳钢工艺管道，坡口型式为 V 型，氩弧焊打底，手工电弧焊填充、盖面，检测比例为 100%。试按 SH/T 3545—2011 编制检测工艺卡。合格级别为Ⅰ级。

工艺卡的编制结果见表 5－6。

表 5－6　管道焊缝超声检测工艺卡(示例)

工程名称	某石化厂	委托单位	××××	工艺卡编号	2010－UT01
检件名称	管道对接焊缝	检件材质	碳钢	检件规格	$\phi219\times20$mm
检测标准	SH/T3545－2011	检测比例	100%	合格级别	Ⅰ级
焊接方法	GTAW＋SMAW	坡口型式	U	表面状态	打磨后
设备型号	DUT－860	设备编号	UT－09	试块型号	CSK－ⅢA
表面补偿	4dB	耦合剂	化学浆糊	检测灵敏度	评定线(具体值)
检测时机	焊后	扫描比例	深度 1:1		
检测对象	探头型号	探头前沿长度	探头宽度	检测面	探头移动区
直管与管件对接焊缝	5P9×9K1.5	≤10mm	≤16mm	直管侧	≥90 mm
	5P9×9K2.5				≥150 mm
直管与直管对接焊缝	5P9×9K2.0			焊缝两侧	≥120 mm

续表

检测示意图：

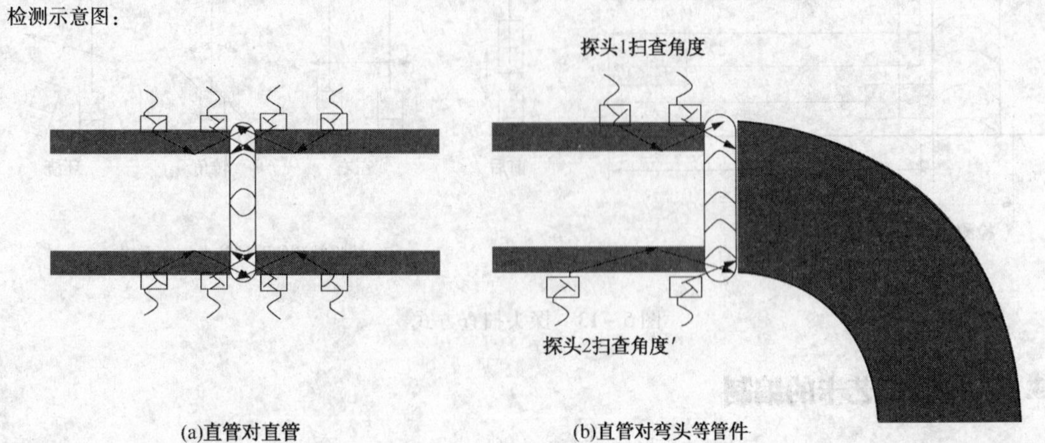

其他要求：

1）焊缝检测前要用直探头或测厚仪对管子壁厚进行测定，以确认管子的真实厚度，有利于判定根部缺陷；

2）检测直管与直管对接焊缝时，也可以使用 K1.5 和 K2.5 的两种探头进行检测；

3）扫查速度不大于150mm/s；

4）每班检测前后要对仪器灵敏度和时基线进行校验；

5）超过评定线的信号，如检测人员怀疑是危害性缺陷时，应更换另一种角度的探头进行复测并进行综合判断。

编制： ××××	审核： ××××
资格： 级 年 月 日	资格： 级 年 月 日

5.4 典型回波信号的识别

回波信号性质的判定十分重要，应结合材质、坡口和结构型式、焊接工艺和焊接位置、回波位置(包括水平位置和深度位置)、指示长度和取向、最大回波高度、静态和动态波形等进行综合分析。

管道焊缝超声检测正确判别根部信号的关键是时基线标定的精度，要求深度定位误差不超过0.3mm，否则，根部缺陷信号判断会产生较大误差。时基线标定完毕后，必须用试块上与所检工件厚度等深或相近的横孔进行校验，该孔的最高回波指示值应与深度标称值相当或略小(对于 $\phi1\times6$ 孔略小0.1～0.3mm，对于 $\phi2\times20$ 孔略小0.2～0.6mm，相当于孔的半径)，则时基线标定是准确的，否则是不准确的，应重新标定。

关于最高峰的确认，检测人员对波峰最高点的判断有时存在误区，探头前后移动时不连续、中间有断续停顿，发现了较高的回波就认为是最高波，从而找出的最高波不真实。在扫查和精探伤时，探头应前后移动，当发现缺陷回波时，应增加耦合剂并使探头前后往返缓慢移动3～5次，以确定最高点的位置。将探头定位在回波最高点的位置，轻微前后移动、转动探头，找出最高波，将闸门移动并覆盖最高波，读取数值。

下面对管道焊缝检测中几种典型回波分别加以介绍和分析。

5.4.1 质量良好的焊缝

质量良好的焊缝其焊缝内部没有缺陷，焊缝内外表面成型饱满且均匀过渡，焊缝区段没有缺陷回波，焊缝根部或焊缝表面不产生或产生较低的回波（视探头角度和根部成型而异）。由于根部有一定的凸出，出现反射波时，反射波峰值的位置略迟后于工件厚度约2mm左右，两侧扫查结果相近。典型波形见图5－14。

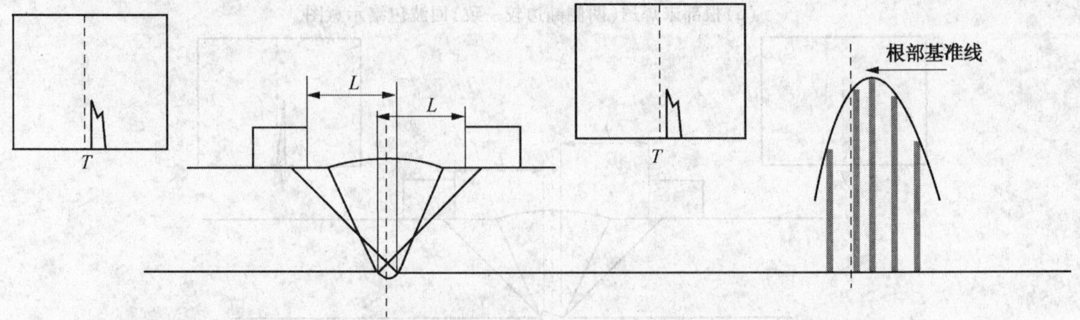

图5－14　符合要求的焊缝根部反射回波及包络示意图

5.4.2 根部未焊透

产生部位：未焊透产生在焊缝的根部位置。

根部未焊透与焊接工艺密切相关。目前中国石化范围内的管道工程均要求氩弧焊打底，有效地减少了未焊透缺陷的产生，同时提高了根部成型质量。所发现的未焊透多是由于焊工操作的偶然性所致，未焊透的长度一般不超过20mm，自身高度一般不超过2mm且深浅不均。也可能一侧钝边略深，另一侧钝边非常浅。从焊缝两侧扫查时，反射波幅接近或相差较大。

回波特征：判断是否未焊透的关键是看回波的位置。未焊透的反射波最高峰在底波略前一些的位置，没有底波出现。未焊透回波位置见图5－15（a）、（b）。反射波与底波位置的间距与未焊透的深度成正比，未焊透深度大则其间距相对略大、波幅较高，反之间距小、波幅低，以致无法发现。探头作摆动或转动时，波形消失很快。壁厚较簿（厚度小于16mm）、深度较大的未焊透一次波和二次波均可以发现，有时二次波的当量dB值较一次波的当量dB值高很多（约几dB～十几dB）。这是由于坡口加工过程中未按要求将钝边加工成2mm高，而是从上至下没有钝边，是纯“V”型坡口组对。当焊接形成较深的未焊透时，二次波与坡口面接近垂直，从而形成较高的二次波。由于一次波的反射面较小，一次波高反而较低。回波示意见图5－16，因此，检测前了解坡口型式非常重要。

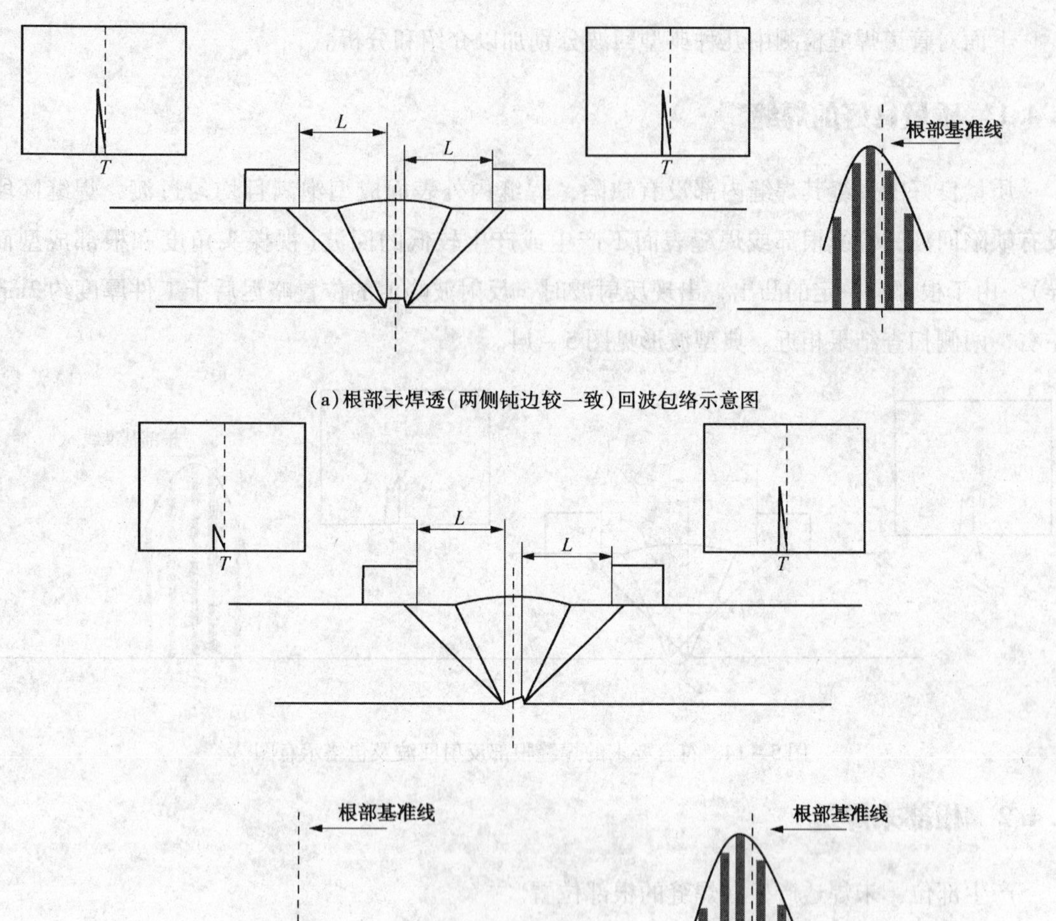

(a)根部未焊透(两侧钝边较一致)回波包络示意图

(b)根部未焊透(两钝边不一致)回波包络示意图

图 5－15　根部未焊透回波特征

某些焊缝根部有时会出现偏向一侧的未焊透[如图 5－15(b)]，俗称为单边未焊透。在缺陷侧探测时，有强烈反射信号；在非缺陷侧探测时，信号很弱，甚至无信号。此时改用较小角度斜探头检测时易于发现。遇到这种情况，要准确测厚，观察管子对接是否有外错口情况，并认真分析，排除根部错口的可能后，才能判定为未焊透。

为了防止伪缺陷波，要沿焊缝方向进行扫查与完好处进行对比，或更换不同角度的探头进行复测，若结果相同则判定为未焊透。

典型未焊透回波包络线见图 5－15(b)。

5.4.3　未熔合

产生的部位：管道焊缝的未熔合多为根部钝边未熔合和坡口未熔合。

钝边未熔合在焊缝的根部，坡口未熔合在焊缝坡口熔合面部位。

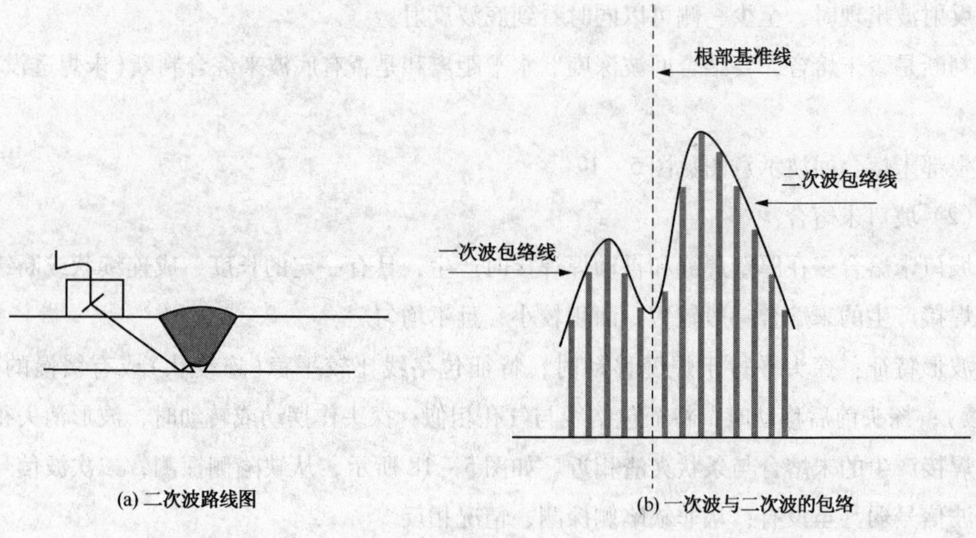

(a) 二次波路线图　　(b) 一次波与二次波的包络

图 5 - 16　没有钝边的未焊透二次波高于一次波的原因分析

未熔合缺陷反射回波的大小与缺陷面积和声束角度相关，小尺寸或反射面与声束接近平行的未熔合反射回波很低，有可能产生漏检，因此，要有针对性的选择探头角度。

（1）根部未熔合

波形特征：探头在未熔合侧一次波和二次波均可以发现，且二次波幅高度远大于一次波，较底波还高，如图 5 - 17 所示；探头在未熔合对面侧时只能一次波发现，且有底波出现。

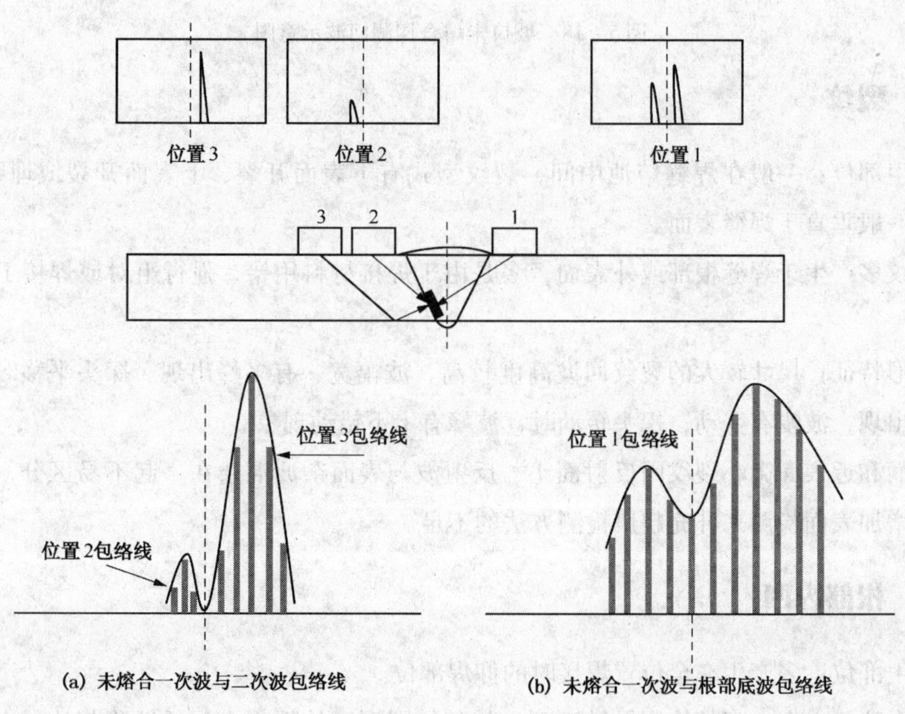

(a) 未熔合一次波与二次波包络线　　(b) 未熔合一次波与根部底波包络线

图 5 - 17　根部未熔合探测回波及包络线示意图

反射波出现时，至少一侧可以同时看到底波反射。

判断是否未熔合，要结合回波深度、水平距离和是否有底波来综合判断(未焊透没有底波)。

根部未熔合回波示意图见图5－17。

(2) 坡口未熔合

坡口未熔合多在厚壁焊缝和自动焊焊接时产生，具有一定的长度，成连续状或断续状。手工焊接产生的未熔合一般较短，面积较小，且不均匀。

波形特征：探头平行于焊缝移动时，特征包络线比较平稳(连续状)或有缓慢的起伏(断续)；探头前后移动时，特征包络线与气孔相似；探头作摆动或转动时，波形消失很快。手工焊接产生的未熔合与条状夹渣相近。如图5－18所示，从缺陷侧探测，二次波信号强，一次波信号弱甚至没有；从非缺陷侧探测，情况相反。

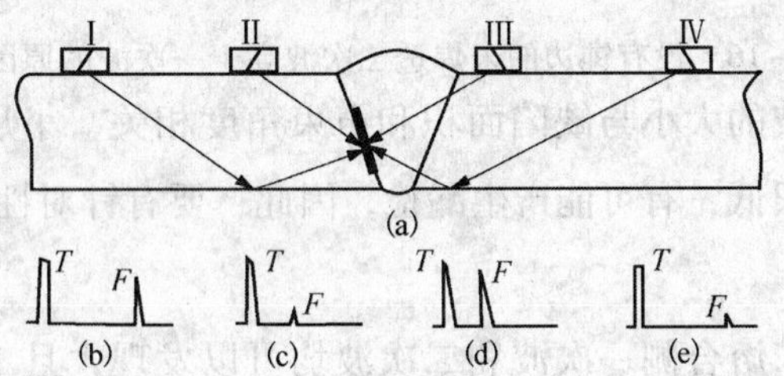

(a)声程图；(b)探头Ⅰ位置回波；(c)探头Ⅱ位置回波；
(d)探头Ⅲ位置回波；(e)探头Ⅳ位置回波

图5－18　坡口未熔合探测回波示意图

5.4.4　裂纹

产生部位：一般在焊缝熔池中间，裂纹型式有下表面开裂、上表面开裂或埋藏开裂，裂纹面一般垂直于焊缝表面。

裂纹多产生于焊缝根部或外表面，多是由于焊接材料用错、强行组对或焊接工艺不当所致。

波形特征：尺寸较大的裂纹回波高度较高、波幅宽、有多峰出现。探头平移时，反射波连续出现，波幅有变动；探头转动时，波峰有上下错动现象。

表面和近表面微小裂纹因反射面小、反射波与表面杂波混杂在一起不易区分，因而标准要求增加表面检测来补充超声检测方法的不足。

5.4.5　根部内凹

产生部位：多产生在全位置焊接时的仰焊部位。

波形特征：在一定的检测灵敏度下，与其他同深度的根部未焊透缺陷相比，内凹反射波波高较低，内凹深度不大时一般不易发现。其特征包络线的变化比较平缓，无明显的锯齿形，有内凹缺陷时无底波出现。从两侧探测，声程反射点相隔一定距离。

5.4.6 根部错边

产生部位：焊缝根部。

直管、弯头、三通、大小头等，由于加工精度的原因，其对接端口往往存在一定程度的椭圆或不等壁厚，组对时局部可能会出现错边，轻微的错边在焊接时易焊至均匀过渡，严重的错边则会在内表面形成焊缝错边。

波形特征：这种错边从一侧探测时，信号较强，而从另一侧探测时，没有信号波，如图 5－19 所示。等壁厚错边一般从外表可以看出。要注意错边与单侧未焊透的区别。

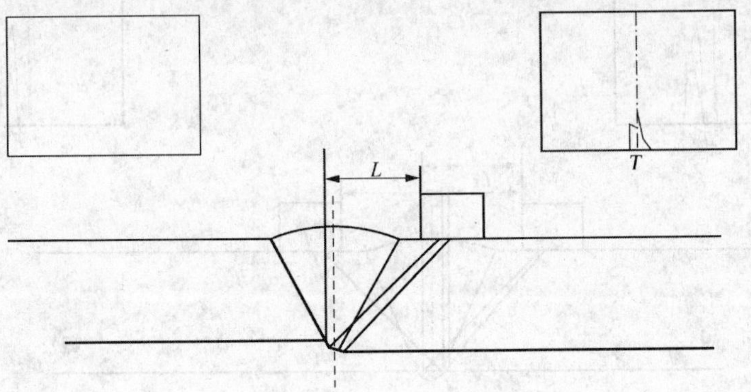

图 5－19　错边回波示意图

5.4.7 根部焊瘤

产生部位：焊缝根部。

波形特征：根部焊瘤表面比较光滑，从焊缝两侧扫查其反射回波相差不大，且均在底波位置之后出现，有焊瘤的部位一般只有焊瘤反射波，没有底波或底波很低。当焊瘤尺寸不大时底波和焊瘤波同时出现。焊瘤回波位置见图 5－20(a)所示。焊瘤的反射回波一般都很强，且最高峰在焊缝根部之后 2～3mm 左右的位置，大焊瘤也可能到达根部之后 5～6mm 的位置。操作时，前后移动探头，从根部之前就开始有回波，随着探头缓慢后移，波峰逐渐增高，屏幕指示深度位置增加，超过根部位置 2～3mm 后出现最高峰，之后再后移探头波峰开始下降，在最高峰之前没有峰值出现。焊瘤回波包络示意见图 5－20(b)所示。

5.4.8 根部咬边

产生部位：焊缝根部。

波形特征：这种缺陷反射波一般出现在一次波的前边，与底波同时出现，回波示意图见图 5－21。

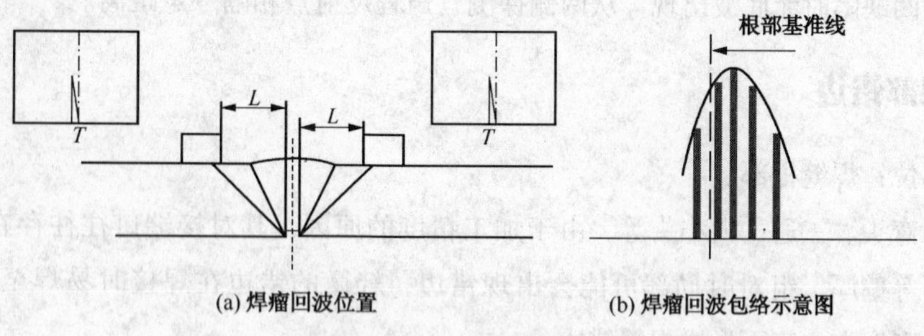

图 5－20　焊瘤回波示意图

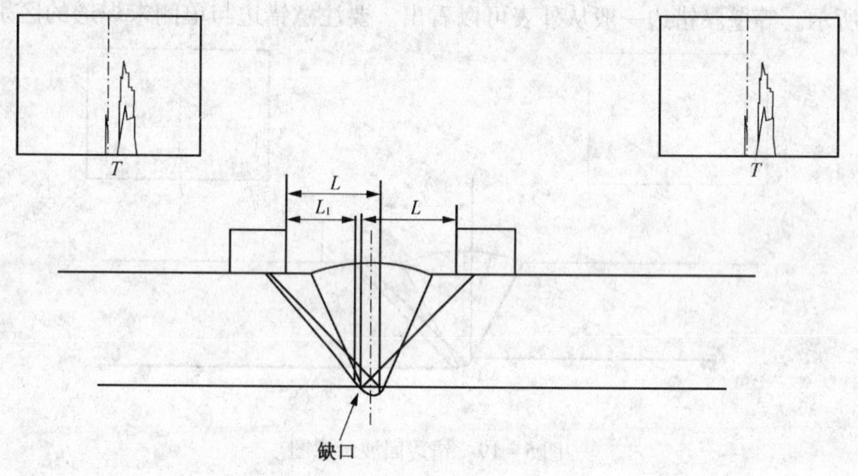

图 5－21　咬边缺陷回波示意图

根部咬边一般不深，反射波也较低，与底波不易区分，深度较大的咬边其回波位置与未焊透的回波位置相同。但咬边回波与底波同时出现。

5.4.9　烧穿

管道焊接采用多层焊，第一层为打底焊，第二层焊接时由于电流过大或操作的原因，将第一层已经焊好的打底焊缝熔化形成焊瘤或深坑，这种现象叫烧穿。烧穿在焊缝顶部 12 点左右的部位易形成焊瘤，在焊缝下部 6 点左右的位置易形成深坑，形成深坑的深度一般接近第一层焊缝的厚度，即 3mm 左右。

焊瘤的判定见 5.4.7。

深坑的判定，深坑回波一般较高，长度一般不大于 10mm，其回波位置出现在焊缝的根部，从焊缝两侧探测，其回波高度比较接近。

5.4.10　气孔和夹渣缺陷的判定

产生部位：气孔和夹渣产生在焊缝内部，气孔一般在熔池中部较多，夹渣靠近坡口部位较多。

(1) 气孔

气孔在焊缝内部，一次波检测时，其反射波位于始波与底波之间，二次波检测时其位于底波与上表面反射波之间。

1）单个气孔

波形特征：荧光屏上的波形尖锐、陡峭、清晰、波根较窄，如图 5－22 所示。

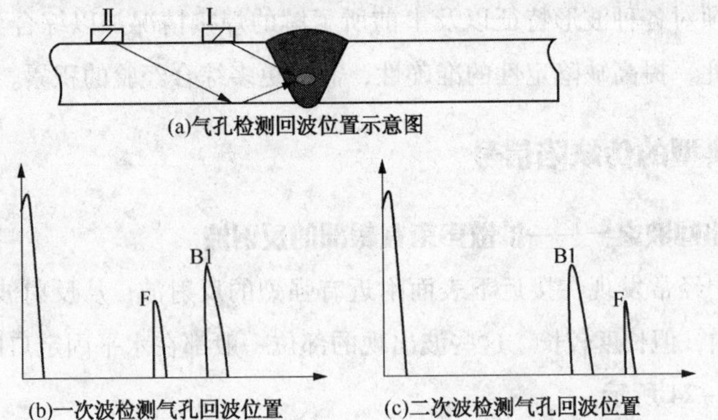

图 5－22　单个气孔回波示意图

2）链状气孔

波形特征：在荧光屏上波形与单个气孔类似，探头平行焊缝移动时，波峰不断起伏；转动探头时，波形此起彼伏，声程略有变化。

3）密集气孔

波形特征：荧光屏上波形同时出现数个波，往往有一个较高的波，旁边簇拥着若干个小波，波形清晰(参见图 5－23)，不管探头作怎样的移动，波形总是此起彼伏。

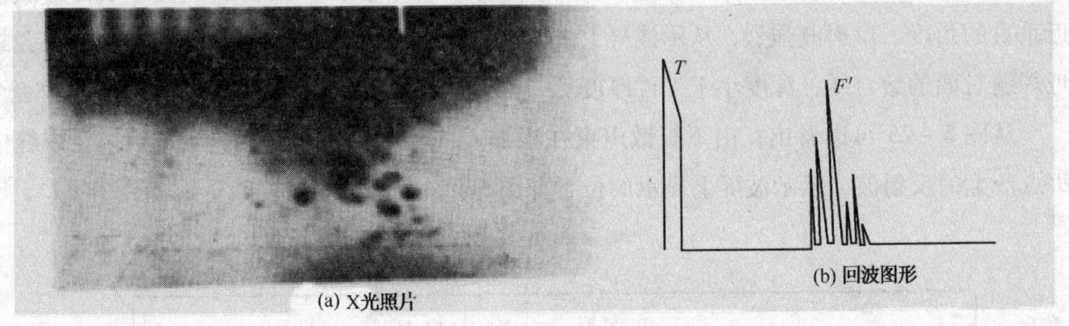

图 5－23　密集气孔回波

(2) 夹渣

夹渣在焊缝内部，一次波检测时，其反射波位于始波与底波之间，二次波检测时其位于底波与上表面反射波之间。

1）单个点状夹渣

波形特征：点状夹渣的回波与单个气孔类似，夹渣一般为不规则形态，从焊缝两侧探测，波高差别可能较大。

2）条形夹渣

波形特征：荧光屏上波形与点状夹渣类似。探头平行于缺陷长度方向移动时，在长度范围内有缺陷波，探头作摆动或转动时，波形消失很快，不均匀的夹渣，回波幅度变化较大。

从上述管道焊缝缺陷定性的叙述中可以看出，单凭回波的某一种特征来判断其性质是比较困难的，必须对各种波形特征以及事前所了解的焊接情况加以综合分析才能作出比较正确的判断。因此，提高缺陷定性的准确性，需要更多综合经验的积累。

5.4.11 两种典型的伪缺陷信号

5.4.11.1 伪缺陷回波之一——扩散声束在根部的反射波

在实际工作中经常发现在接近下表面附近有强烈的反射波，从反射波出现的位置分析，反射点应在焊缝内，但长度较长，这些波出现的部位一般都在水平固定口的上半部分(10 ~2 点范围)。如图 5 – 24 所示。

图 5 – 24　下扩散声束回波显示位置示意图

产生此伪缺陷回波的原因：探头发出波束是扩散的(如图 5 – 25 所示)，下扩散波较中心主波束的折射角略小，即 K 值略小，当探头移动时，下扩散声束在 C 点与下表面形成接近垂直的角度，反射波强烈，从示波屏上观察，在 B'处有反射波显示，反射点水平位置靠近焊缝对面的熔合线，深度小于工件厚度。

从图 5 – 25 可以看出，由下扩散声束在根部 C 点产生的反射波相当于主声束在焊缝中 B'点产生的反射波，从示波屏上显示的位置如图 5 – 24 所示。

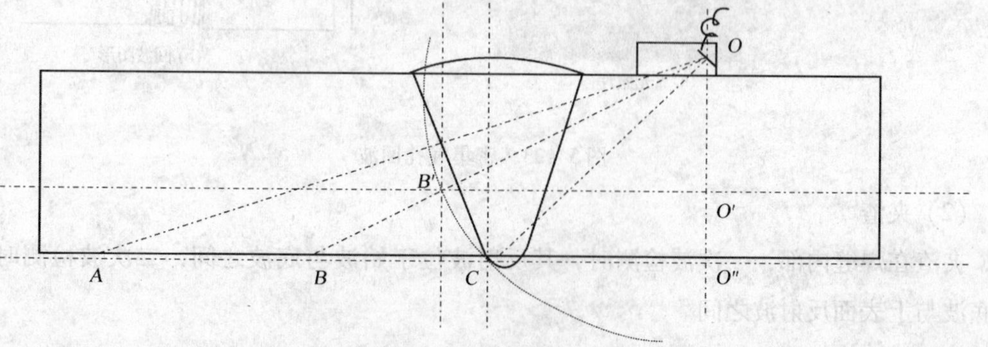

图 5 – 25　下扩散声束反射回波原理图

伪信号的辨认方法：更换另一种角度的探头进行复验，选择小角度 K 值探头和指向性好的探头进行复验，从焊接位置、信号出现的位置和长度进行分析，平焊位置根部突出易产生伪信号，仰焊位置不可能出现这种伪信号。

5.4.11.2 伪缺陷回波之二——山形回波

焊缝超声检测时，经常发现如图 5－26 所示的山形回波图形。

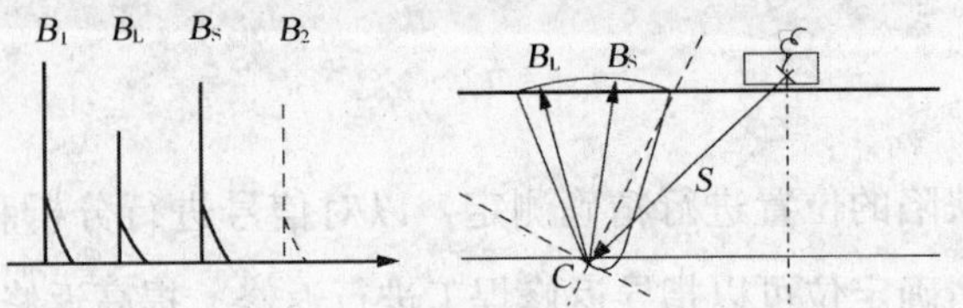

图 5－26 山形回波位置及原理示意图

山形回波形成原理：

1）从探头进入工件的横波在焊缝根部（由于根部成型的原因）产生反射 B_1，同时产生反射纵波和反射横波，如图 5－26 所示。

2）根部反射波 B_1 先到达探头并被接收，B_1 在一次底波（或略迟后一点）的位置；

3）根部反射纵波 B_L 到达焊缝上表面后又反射回来，在 C 点又变成横波返回至探头，被探头接收，由于纵波较横波声速快，因此 B_L 较 T_1 迟到的时间在示波屏上约为 t_L 的时间（大约在距一次波之后，相当于一次波与二次波时间 1/3 的位置）见式（5－5）。

$$t_L = \frac{2T}{C_L} \qquad (5-5)$$

式中 t_L——迟到时间；

T——工件厚度；

C_L——纵波声速。

4）根部反射横波 B_S 到达焊缝上表面后又反射回来经 C 点返回至探头，被探头接收，B_S 较 B_1 迟到的时间在示波屏上约为 t_S 的时间（大约在距一次波之后，约相当于一次波与二次波时间 2/3 的位置），见式（5－6）。

$$t_S = \frac{2T}{C_S} \qquad (5-6)$$

式中 t_S——迟到时间；

T——工件厚度；

C_S——横波声速。

“山”形回波辨识方法：用手指沾耦合剂轻轻拍打对应的焊缝表面，B_1 和 B_S 会随手指的拍打频率进行跳动，即当沾耦合剂的手指与焊缝相接触时，部分声波透过耦合剂被手指吸收，引起回波幅度降低。当手指离开焊缝表面时，声波全部反射，回波幅度又重新升高。

5.5 缺陷定位、定量和定级

发现缺陷后应对缺陷进行位置、波幅区域和长度测定，以确定缺陷性质、大小和评定级别，对于超标缺陷应在工件上标出返修位置。

5.5.1 缺陷定位

发现缺陷后应对缺陷的位置进行精确测定，以对信号进行分析和判定，确认信号的真伪和确定缺陷性质。精确定位可以指导返修焊工进行返修，提高返修的成功率。

缺陷定位包括：缺陷的深度位置和在焊缝表面的投影位置，检测记录中要注明缺陷深度和在焊缝长度方向的位置，对于厚度较大、宽度较宽的焊缝，为了提高返修成功率，应记录缺陷在焊缝宽度方向的位置。

5.5.2 缺陷定量

（1）对所有反射波幅位于Ⅰ区以上的缺陷，均应对缺陷位置、缺陷最大反射波幅和缺陷指示长度等进行测定。超过评定线的信号如果检测人员怀疑是危害性缺陷时，应改变探头 K 值，观察缺陷动态波形并结合焊接工艺进行综合分析，也可采用其他检测方法进行验证。

（2）缺陷定位，应以获得缺陷最大反射波的位置为准。对于一个连续缺陷，其最高波可能产生在不同深度，因此其深度位置可以描述为一个深度范围。

（3）测定缺陷最大反射波幅时，应将探头移至缺陷出现最大反射波信号的位置，测定波幅值，并确定其在距离—波幅曲线图中的波幅区域。缺陷最大反射波幅以 SL ± XX dB 表示。

（4）缺陷指示长度的测定

SH/T 3545—2011 的规定如下：

1）缺陷反射波只有一个高点，且位于Ⅱ区或Ⅱ区以上时，找出最高波，并左、右移动探头，使波高降至评定线，探头左、右移动的距离即为缺陷指示长度；

2）缺陷反射波峰值起伏变化并有多个高点，且位于Ⅱ区或Ⅱ区以上时，左、右移动探头，使端点波高降至评定线，探头移动的距离即为缺陷指示长度；

3）当缺陷最大反射波幅位于Ⅰ区，检测人员应记录并以评定线测其指示长度。

SY/T 4109—2005 的规定如下：

当缺欠反射波只有一个高点，且位于Ⅱ区时，以 6dB 法测其指示长度，当缺欠反射波起伏变化，有多个高点，且位于Ⅱ区时，以端点 6dB 法测其指示长度。

从上述 2 个标准的规定可以看出，SH/T 3545—2011 较 SY/T 4109—2005 所测得的缺陷长度要长。

（5）相邻两缺陷在一直线上（该直线与焊缝平行），其间距小于其中较小的缺陷长度时，应作为一条缺陷处理，以两缺陷长度之和作为单个缺陷指示长度，间距不计入缺陷长度。

（6）单个点状缺陷指示长度不足 10 mm 时，按 5 mm 计。

5.5.3 缺陷评级

根据缺陷的性质、波幅和长度按标准规定进行质量评级。SH/T 3545—2011 和 SY/T 4109—2005 对接焊接接头质量分级的规定见表 5－7 和表 5－8。

表 5－7　SH/T 3545—2011 对接焊接接头质量分级　　单位：mm

焊接接头质量等级	反射波幅所在区域	缺陷长度[a]	
		单个指示长度 L	累计长度[b]
Ⅰ级	Ⅰ	非裂纹类缺陷	不限
	Ⅱ	小于或等于 $T/3$，最小可为 10，最大不超过 30	长度小于或等于焊接接头周长的 10%，且不超过 30
Ⅱ级	Ⅱ	小于或等于 $2T/3$，最小可为 12，最大不超过 40	长度小于或等于焊接接头周长的 15%，且不超过 40
Ⅲ级	Ⅱ	缺陷长度超过Ⅱ级者	
	Ⅲ	所有缺陷	
	Ⅰ、Ⅱ、Ⅲ	裂纹等危害性缺陷	

注：T 为单壁厚度，当焊接接头两侧母材厚度不等时，取较薄者的厚度值。

[a] 在 10 mm 焊接接头长度范围内，同时存在条状缺陷和未焊透时，应评为Ⅲ级。

[b] 当缺陷累计长度小于单个缺陷指示长度时，以单个缺陷指示长度为准。

表 5－8　SY/T 4109—2005 对接焊缺欠的质量分级

评定等级	开口缺欠指示长度	非开口缺欠指示长度
Ⅰ	不允许	不允许
Ⅱ	4% L 或任意 300mm 内不大于 20mm	4% L 或任意 300mm 内不大于 25mm
Ⅲ	8% L 或任意 300mm 内不大于 30mm	8% L 或任意 300mm 内不大于 50mm
Ⅳ	超过Ⅲ级者	

注 1：L 为管道焊缝长度。

注 2：错边未焊透，按非开口缺欠处理。

5.6 检测记录和报告

检测记录的格式和内容参见表 5－9。

检测报告的格式和内容执行 SH/T 3503 标准规定的格式，参见表 5－10。

中国石化管道超声波考试记录格式和填写方法见表 5－11 及其附图。

表 5-9 焊缝超声检测记录(示例)

XXXXX 检测公司	焊缝超声检测记录	记录编号：2010UT-XX-01 委托编号：XXXX-XX
委托单位：XXXX 公司	验收级别：Ⅰ级	工艺卡编号：2010UT-XX-01
工程名称：XXX 装置		单元名称：加热炉区
焊接方法：GTAW+SMAW	表面状态：打磨	坡口型式：V 型
热处理状况：□热处理前；■热处理后；□不热处理		检件材质：碳钢
仪器型号：XXXX	仪器编号：UT-09	标准试块：■CSK-ⅢA，
探头 1 型号：5P9×9K1.5	探头 1 前沿：8 mm	探头 1 实测 K 值：1.52
探头 2 型号：5P9×9K2.5	探头 2 前沿：10 mm	探头 2 实测 K 值：2.51
探头 3 型号：5P9×9K2.0	探头 3 前沿：10 mm	探头 3 实测 K 值：2.01
表面补偿：4 dB	耦合剂：化学浆糊	扫描比例：深度1:1
检测灵敏度：评定线灵敏度	检测比例：100 %	检验标准：SH/T 3545—2011

焊缝编号	焊工号	检件规格/mm	缺陷情况						备注
			缺陷编号	最大波幅		指示长度/mm	埋藏深度/mm	评定级别	
				SL±dB	区域				
5P234-01	234	ϕ219×20	1	+4	Ⅱ	12	19	Ⅱ	1
			2	+13	Ⅲ	20	18	Ⅲ	1
			3	+6	Ⅱ	5	15	Ⅰ	1
5P234-02	234	ϕ219×20	/	/	/	/	/	Ⅰ	2
5P234-03	124	ϕ219×20	1	-3	Ⅰ	5	16	Ⅰ	2
/									

特别说明：当直径大于 500mm 的管道对接焊缝抽查检测时，应对检测部位加以说明，或附图说明

备注：1——采用探头 1 和探头 2 在直管侧(单面单侧)扫查；2——采用探头 3 进行单面双侧扫查。

检测说明：超标缺陷已在对应焊缝部位用记号笔标出。

检验员：XXX　证号：	审核：XXX　证号：	检验日期：　年　月　日

表 5-10 焊缝超声检测报告(示例)

SH/T 3503-J123-1	焊缝超声检测报告(一)				工程名称：XXX 装置 单元名称：加热炉区		
委托单位	XXXX 公司	报告编号	2010UT-XX-01		检件编号	5P234	
承包单位	XXX 公司	检件名称	管道焊缝		检件规格	ϕ219×20mm	
检件材质	碳钢	检测标准	SH/T 3545—2011		技术等级	/	
检测比例	100 %	合格级别	Ⅰ级		检测时机	热处理后	
焊接方法	*GTAW+SMAW*	坡口型式	V 型		热处理状态	去应力热处理后	
检 测 面	直管间对接为焊缝两侧 直管与管件对接为直管侧	表面状态	打磨		标准试块	CSK-ⅢA	
设备型号	*DUT*-860	扫描比例	深度 1:1		表面补偿	4dB	
探头型号	1)5P9×9K1.5	2)5P9×9K2.5			3)5P9×9K2.0		
检测灵敏度	评定线	耦 合 剂	化学浆糊				
焊缝编号	焊工号	缺陷编号	缺陷最大波幅		缺陷指示	缺陷埋藏	评定级别	备注
			SL±dB	区域	长度 mm	深度 mm		

续表

SH/T3503－J123－1	焊缝超声检测报告(一)							工程名称：XXX装置 单元名称：加热炉区
5P234－01	234	1	+4	Ⅱ	12	19	Ⅱ	
		2	+13	Ⅲ	20	18	Ⅲ	
		3	+6	Ⅱ	5	15	Ⅰ	
5P234－02	234	/	/	/	/	/	Ⅰ	
5P234－03	124	1	－3	Ⅰ	5	16	Ⅰ	
以下空白								
检验员：	证号：		审核：		证号：	检测单位：（公章） 报告日期：年 月 日		

表5－11 考试用检测报告填写示例

姓名：________

学号：________ 得分：________

管道焊缝超声检测报告			
仪器型号：DUT－860			标准试块：■CSK－ⅢA，■SH－1
108＊7	探头型号：5P6×6K2.5	前沿：5 mm	实测K值：2.50
159＊10	探头型号：5P6×6K2.0	前沿：5 mm	实测K值：2.10
159＊18	探头型号：5P9×9K2.0	前沿：10 mm	实测K值：2.10
表面补偿：4 dB	耦合剂：机油		扫描比例：深度1:1
检测灵敏度：评定线灵敏度	检测比例：100 %	检验标准：SH/T3545－2011	

距离－波幅曲线：1)制作全部探头的距离－波幅曲线；

2)只需打印检测 $\phi159\times18$mm 试件的距离－波幅曲线及包络线(见附件)。

试件编号	检件规格/mm	缺陷情况					
		缺陷编号	最大波幅		指示长度/mm	埋藏深度/mm	评定 级别
			SL±dB	区域			
3－21	159×18	1	+16	Ⅲ	34	16	Ⅲ
		2	+5	Ⅱ	5	13	Ⅰ
2－11	159×10	1	+4	Ⅱ	5	8	Ⅰ
		2	+9	Ⅲ	13	9	Ⅲ
		3	+13	Ⅲ	45	8	Ⅲ
1－1	108×7	1	+12	Ⅲ	34	5	Ⅲ
		2	+2	Ⅱ	13	6	Ⅲ
以下空白							

说明：

1)缺陷部位见“管道焊缝超声检测缺陷部位示意图”。

2)制作 $\phi159\times18$mm 试件中最严重缺陷的包络线(见附件)。

检验员：XXXX 证号：XX	审核：XXXX 证号：XXXX	检验日期： 年 月 日

姓名:________
学号:________

管道焊缝超声检测缺陷部位示意图

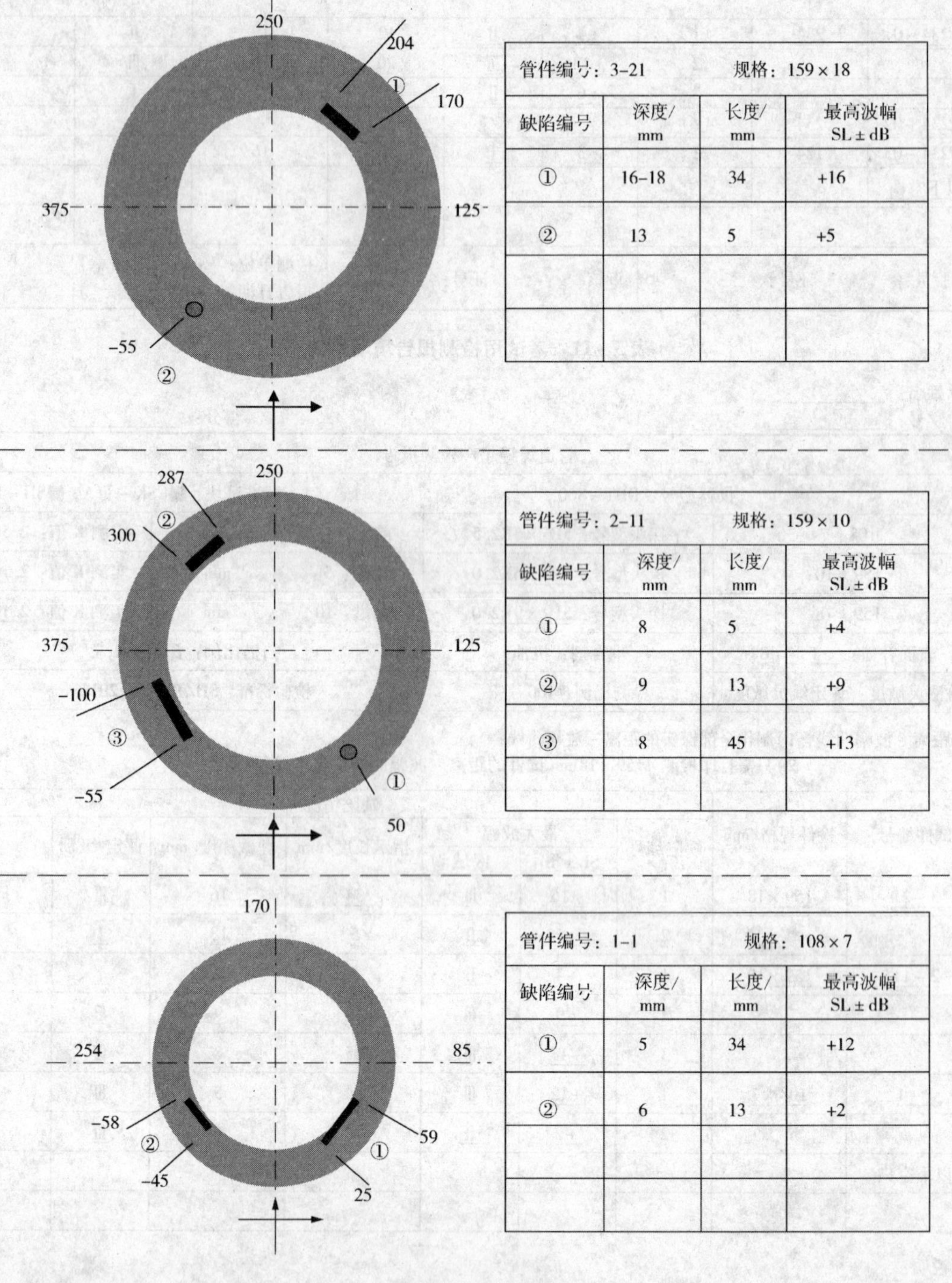

管件编号：3–21		规格：159 × 18	
缺陷编号	深度/mm	长度/mm	最高波幅 SL ± dB
①	16–18	34	+16
②	13	5	+5

管件编号：2–11		规格：159 × 10	
缺陷编号	深度/mm	长度/mm	最高波幅 SL ± dB
①	8	5	+4
②	9	13	+9
③	8	45	+13

管件编号：1–1		规格：108 × 7	
缺陷编号	深度/mm	长度/mm	最高波幅 SL ± dB
①	5	34	+12
②	6	13	+2

练 习 题

1. 简述影响超声检测灵敏度的因素及采取的措施。
2. 简述石油化工装置工艺管道的结构型式及超声检测方法的适用范围。

3. 结合石油化工装置工艺管道的特点，对于直管与弯头对接和直管与直管对接应如何选择探头。

4. 简述探头前沿长度对一次波扫查范围的影响。

5. 分析和图示说明根部未焊透、焊瘤、单侧坡口未熔合、气孔等缺陷回波特征及所在的位置。

6. 简述“山”形回波产生的原因及辨识方法。

第6章　奥氏体不锈钢焊缝超声检测

超声检测一般适用于碳钢、低合金钢以及类似晶粒度的合金钢。

在实际工作中有时会遇到对奥氏体不锈钢焊缝进行超声检测的需求。

奥氏体不锈钢焊缝较普通铁素体钢焊缝进行超声检测存在如下困难：

奥氏体不锈钢焊缝的组织为奥氏体，焊缝组织晶粒粗大、对超声波产生强烈的吸收，声波传输各向异性。为此，奥氏体不锈钢焊缝超声检测难度较大，要采取特殊的技术措施并进行试验验证后方可进行检测。

针对奥低体不锈钢焊缝的特点，目前 JB/T 4730.3—2005 给出了附录 N 作为检测参考资料，为奥氏体不锈钢焊缝超声检测提供了指导性意见。

本教材收集了2个奥低体不锈钢焊缝检测的案例。

6.1　案例一

某炼油厂加氢装置厚壁管道奥氏体不锈钢焊缝的超声检测

1）受检工件规格：ϕ508×59mm。材质：316L。

2）检测标准：JB/T 4730.3—2005 附录 N

3）仪器型号：CTS－22。

4）探头订制：根据 JB/T 4730.3—2005 附录 N 要求订制了 2.5P13×13K1、2.5P9×9K1、1.25P13×13K1、1.25P9×9K1 四种纵波斜探头。

5）试块制作：按 JB/T 4730.3—2005 附录 N 制作了厚度为65mm 的试块，如图6－1，试块制作时焊缝宽度较标准推荐值略宽，与实际焊缝宽度相同，试块厚度为65mm，较实际工件略厚，在焊缝一侧加工了深度为10、30、50mm 的3个 ϕ2 横通孔，另外为了模拟未焊透缺陷，在试块底部加工了一个宽度和深度均为2mm 的凹槽，试块焊缝表面机械加工至平滑。

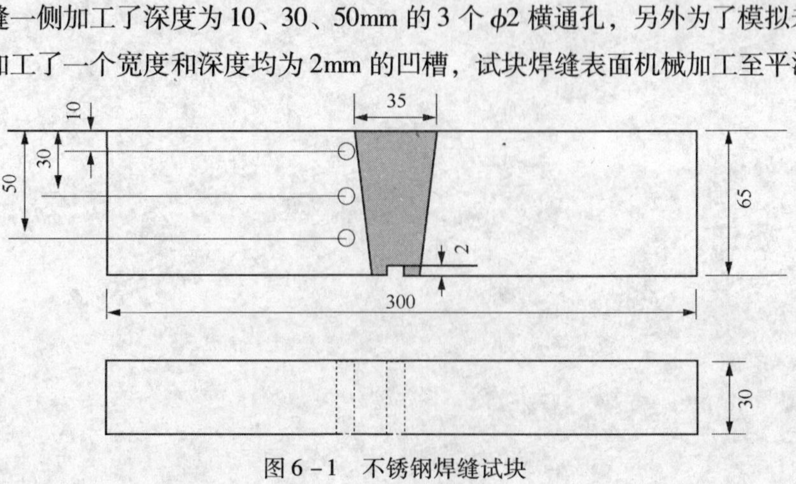

35
10
30
50
65
2
300
30

图6－1　不锈钢焊缝试块

1. 距离－波幅曲线制作

试块加工完成，探头到货验收合格后，采用 CTS－22 型超声检测仪，对试块进行模拟检测，并制作距离－波幅曲线。

经对试块进行检测，结果如下：

1）用2.5P20Z 直探头探测65mm 厚的试块母材，发现其与普通碳钢无异，穿透性良好。但当探头移至焊缝处时，底面反射回波迅速下降。当探头全部移入焊缝且至中心时，反射回波消失。这说明奥氏体不锈钢焊缝对超声波产生了严重的吸收。

2）用斜探头从打孔侧扫查，各孔反射信号明显，与普通碳钢无异，当探头从打孔的对侧扫查，声波通过焊缝时，对于深度为 10mm、30mm 的孔，反射波明显。对于深度 50mm 的孔反射波下降较多。认真扫查仍能发现，但信噪比较低，只有 10dB 左右。探测根部凹槽，反射回波非常明显。

3）用上述几种探头探测，其反射波无明显差异。用普通横波斜探头探测，声波通过焊缝，能发现深度 30mm 孔的反射回波，而深度 50mm 孔则不能发现。

2. 现场检测

通过在试块上的试验可见，对根部未焊透和 $\phi2 \times 30 - 12$dB 的缺陷完全能进行检测和判断。

在现场进行检测，要求焊缝余高磨平达到与试件相同平滑的程度。现场打磨质量是影响检测质量的关键。

现场共检测 46 道焊缝，发现 2 道焊缝有较长的根部缺陷回波，疑为未焊透缺陷，经返修确认为未焊透缺陷，返修后复验，缺陷信号消除。

3. 存在问题

对厚度大于 30mm 的焊缝，超声波通过焊缝时衰减严重，信噪比较低，焊缝厚度越大声束通过全截面焊缝时声能衰减越严重，但根部缺陷容易发现，因为声束到达焊缝根部时不穿过或只穿过少量焊缝熔敷金属。

6.2 案例二

某压力容器制造厂奥氏体不锈钢对接焊缝的超声检测

本案例的关键技术是采用双晶纵波斜探头。

1）检测工件材质：0Cr18Ni9Ⅳ。规格：$\phi500 \times 42$ mm；。

2）仪器型号：DUT860

3）试块制作：按 JB/T4730.3－2005 附录 N 制作试块，如图 6－2。

4）探头订制：

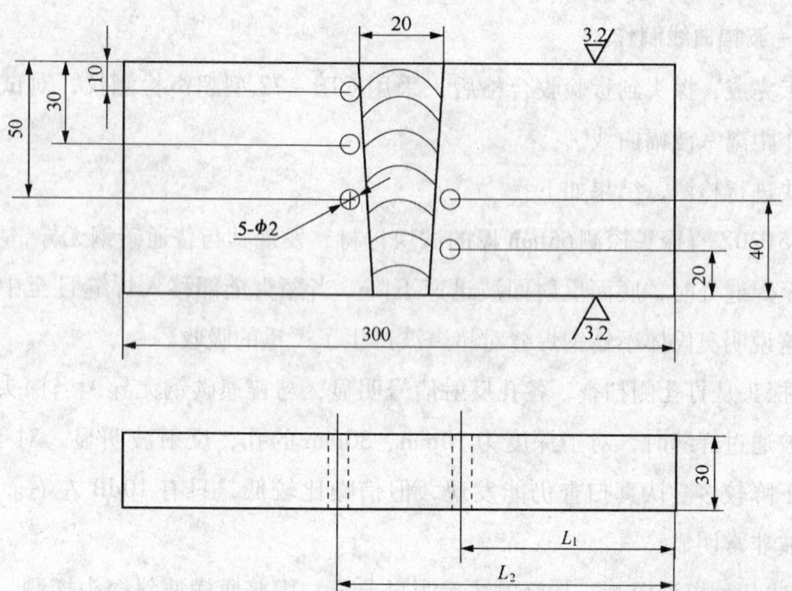

图6－2　不锈钢焊缝试块

a）WH4－1　2(13×20)Fs40，进口晶片，窄脉冲纵波双晶斜探头，频率4MHz，纵波折射角为45°，聚焦深度40mm，晶片尺寸13mm×20mm。

b）WH2－2(1.7)2(13×20)Fs20，进口晶片，窄脉冲纵波双晶斜探头，频率2MHz，纵波折射角为60°，聚焦深度20mm，晶片尺寸13mm×20mm。

经用这两种型号的探头对奥氏体不锈钢试块进行测试，得出较为满意的结果。这两种探头的照片见图6－3。

图6－3　纵波双晶探头照片

用这两种型号的探头分别扫查不同深度的缺陷。探头WH2－2(1.7)2(13mm×20mm)Fs20扫查深度范围为0～30mm，探头WH4－1　2(13mm×20mm)Fs40扫查深度范围为30～42mm。

5）距离－波幅曲线制作

由于选择2种角度的探头，每一探头扫查的最佳范围是一定的，两个探头在其标称焦距处检测灵敏度最高，与焦点差距越远，其灵敏度越低。

经测试，两种探头制作的距离波幅曲线如图6－4。

6）现场检测

客户将焊缝余高按要求打磨的非常平滑，表面耦合良好，探头能在余高磨平的表面平滑移动不受任何限制。

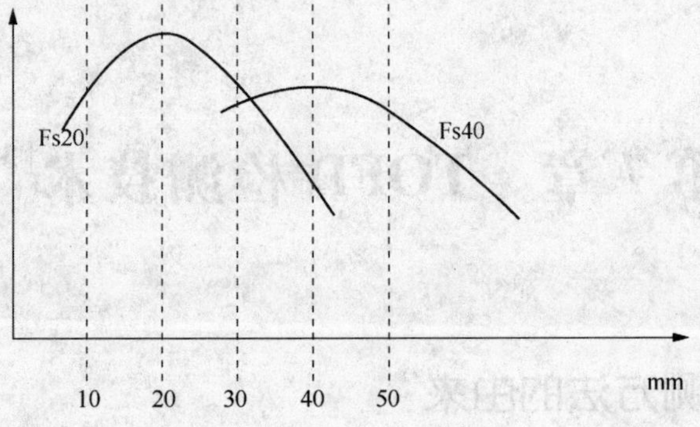

图 6－4　由两种双晶纵波斜探头制作的距离－波幅曲线

7）存在问题和改进建议

探测厚度较大的焊缝应选择多种焦距的探头，分层面扫查。探头价格很贵，每个探头需要几千元。

根据石化管道的特点，管道焊缝只能从单面双侧或单面单侧进行扫查，由于焊缝余高打磨难度非常大，为此奥氏体钢管道焊缝可以采取以下措施：

a）焊缝坡口型式采用“U”型，焊缝宽度尽可能窄，这样焊缝余高可以不磨平；

b）除选择标准推荐的 *K*1 斜探头进行检测外，再增加大角度的纵波双晶斜探头进行分区域检测。如焊缝厚度为 50mm，则可选择焦距为 20mm，纵波折射角分别为 *K*1 和 *K*2 的 2 个探头对 10～30mm 范围进行检测；或选择焦距为 40mm 纵波折射角分别为 *K*1 和 *K*2 的 2 个探头对 30～50mm 范围进行检测。

c）增加焊缝表面渗透检测，以检出表面裂纹缺陷。

第 7 章　TOFD 检测技术[3]

7.1　TOFD 检测方法的由来

TOFD 检测技术首先应用于上世纪 60 年代的英国核工业领域，作为一种精确的缺陷定量定位技术很快广泛应用于其它无损检测领域，如石化、锅炉压力容器、电力、长输管线等。

根据惠更斯原理，超声波在传声介质中遇到异质界面时，由于超声波振动作用在裂纹的尖端产生新的子波源而产生衍射波，这种衍射波是球面波，向四周传播，用适当的方式接收到该衍射波时，就可按照声波的传播时间与几何声学的原理计算得到该裂纹尖端的埋藏深度。所以，TOFD 是一种依靠从待检试件内部缺陷的“端角”或“端点”处得到的衍射能量来检测缺陷的方法。

7.2　TOFD 检测方法

TOFD 技术是依据惠更斯原理，通过计算机处理技术，检出缺陷端点的衍射波信号，从而确定缺陷的存在，并依据成像对缺陷进行定位和定量。TOFD 技术依靠的是缺陷端角的反射波能量以及两个探头之间直接传播的横向波(直通波)和直达的内壁反射信号来检测缺陷，如图 7－1 所示。

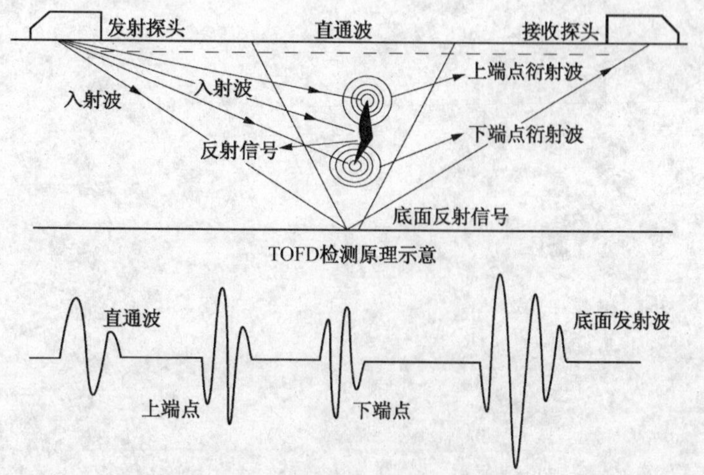

图 7－1　TOFD 检测原理

TOFD 的优点是完全不同于传统超声检测技术根据反射信号及其幅度来检测和评价缺陷，而是靠脉冲传播时间来定量。TOFD 能够不受声束角度、检测方向、缺陷表面粗糙度、工件表面状态及探头压力等因素的影响，对于判定缺陷的真实性和对缺陷准确定量十分有效，而且 TOFD 可以和脉冲反射法相结合来互相取长补短。这在数字化的多通道系统上是能够实现 TOFD 和脉冲回波同时进行检测和分析的。

例如焊缝检测，TOFD 对于焊缝中部缺陷检出率很高，容易检出方向性不好的缺陷，可以识别和判断缺陷是否向表面延伸。采用 TOFD 可以实现 100% 焊缝覆盖，沿焊缝作一维扫查，具有较高的检测速度，定量、定位精度高，根据 TOFD 图形可进行设备寿命评估。

TOFD 方法通常使用一对晶片尺寸和频率等参数相同或相近的探头，在同一直线上分别置于焊缝两侧，同时以垂直于焊缝或平行于焊缝移动扫查，根据入射纵波（使用纵波斜探头）或横波（使用横波斜探头）在缺陷端部产生的衍射波信号传播时间来进行高度测定。两个探头之间的距离以及折射角度的选择要根据被检测的板厚考虑，接收探头可以接收到来自各个方向的缺陷衍射波，如图 7－2 所示。TOFD 方法对缺陷埋藏深度和缺陷自身高度的测量是基于衍射波的时间差，亦即测量缺陷端部衍射点与直通波的时间差，目前的 TOFD 方法已能在深度方向上具有较高的准确性。

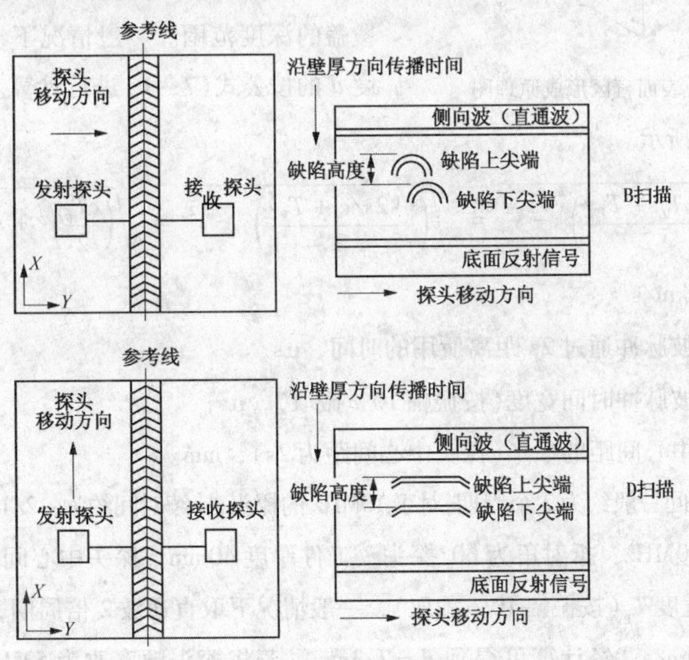

图 7－2　TOFD 法的扫查方式与显示

在目前的数字式超声检测仪上，能实现 A 显示（特别是采用射频显示波形，有利于观察缺陷波和直通波的相位）、D 显示（探头沿焊缝或缺陷延伸长度方向移动，在屏幕上显示焊缝或缺陷纵断面图形）、B 显示（探头沿声束平行方向作横切焊缝或缺陷横断面移动，在屏幕上显示焊缝或缺陷横断面图形），3 种显示方式（如图 7－2 所示为双探头平行于焊缝方向和垂直于焊缝方向的 D 扫描和 B 扫描结果），探伤结果记录较直观和客观，通过对缺陷的相位、显示轮廓、缺陷所处的深度位置以及缺陷波幅的观察，结合所检测的焊接结构，可以作为对缺陷定性的重要依据。

近年来 TOFD 法在欧洲、美国和日本已广泛应用于锅炉、压力容器和压力管道焊缝的检测，并已有相应的检测标准。我国也积极引进推广该技术，目前在厚壁压力容器和压力管道焊缝检测中已经应用，TOFD 检测标准 JB/T 4730.10—2010 已于 2010 年 12 月 15 日开始实施，《固定式压力容器安全技术监察规程》（TSGR0004—2009）中规定了 TOFD 检测方法可以代替射线检测。从 2007 年起国家特种设备无损检测考委会开始培训考核 TOFD Ⅱ级人员。

7.2.1 TOFD 检测技术的局限性

1）存在近表面检测盲区和底面检测盲区

上表面盲区是由于直通波的脉冲宽度决定的。TOFD 盲区在工件扫查面附近，扫查面附近的内部缺陷信号可能隐藏在直通波信号下，导致无法识别。上表面盲区就是直通波信号所覆盖的深度范围。一般情况下，上表面盲区深度 d 的按公式（7－1）进行计算。上表面盲区形成原理见图 7－3 所示。

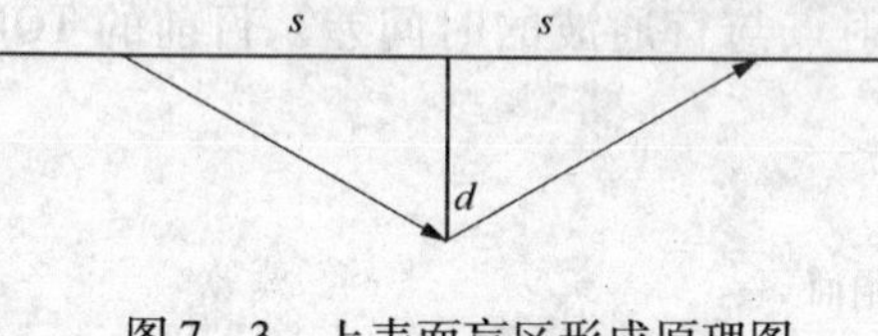

图 7－3 上表面盲区形成原理图

$$d = \sqrt{\left(\frac{c(T_L + T_P)}{2}\right)^2 - s^2} = \sqrt{\left(\frac{c(2s/c + T_P)}{2}\right)^2 - s^2} = \sqrt{\left(\frac{cT_P}{2}\right)^2 + scT_P} \quad (7-1)$$

式中 c——声速 km/s

T_L——直通波脉冲通过 2s 距离所用的时间，μs；

T_P——直通波脉冲时间宽度（按振幅 10% 截取），μs；

s——探头中心间距的一半（探头中心间距为 2s），mm。

直通波持续时间一般约为 2 个周期，对于 10MHz 的探头，持续时间约为：2/1000000 = 0.2μs。

例如频率为 10MHz，折射角为 60°探头，工件厚度 40mm，探头中心间距（*PCS*）90mm，直通波脉冲时间宽度 T_P（按振幅 10% 截取），一般情况下取直通波 2 倍周期，这里取 0.2μs，纵波声速 C = 5950m/s，经计算可得到 d = 7.3mm。若将探头频率改为 5MHz，其它条件不变，则 d = 10.4mm.。若 *PCS* = 40mm，则 10MHz 探头的盲区为 4.9mm，5MHz 探头的盲区为 7.0mm。*PCS* 越小盲区越小。

由上例可见，提高探头频率，可以减小上表面盲区；减小 *PCS* 也可以减小上表面盲区。

需要注意的是：上述关于上表面盲区的计算仅是理论值，实际盲区的大小还与探头脉冲宽度、频率、缺陷信号强度等有关，有资料表明，使用窄脉冲探头、提高探头频率、减小探头中心间距（*PCS*）都能减少盲区深度。实际检测中最好通过对比试块实测确定。

为了消除上表面盲区，通常需要采用常规脉冲回波法（横波单斜探头）和磁粉检测法进行补充检测。

对于下表面盲区，由于底部缺陷的尖端信号先于底面反射信号回到探头，不会被底面信号所淹没，即*PCS*所对应的焊缝正底部没有盲区，而焊缝两侧及热影响区根据椭圆方程，会产生一定的盲区，如图7－4所示。但盲区一般不超过1mm。

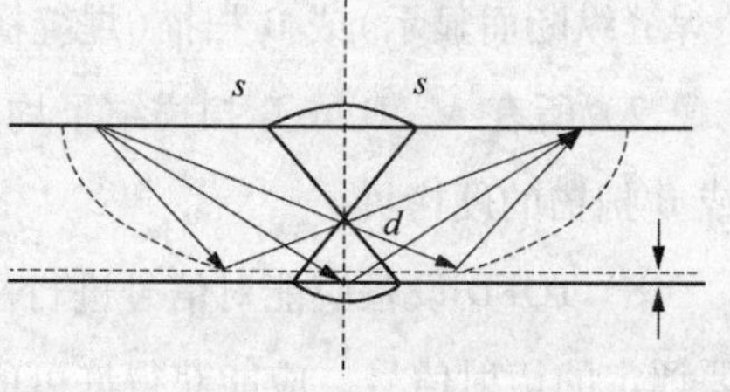

图7－4　下表面盲区示意图

2）如果材料存在各向异性，声速在不同方向上有变化，则影响缺陷高度计算的准确性。

3）TOFD法所得到的信号幅度较低，因此仪器增益要比传统的超声波脉冲反射法高出约10～20dB，因此对“噪声”敏感，通常只适用于对超声波衰减较小的材料。

4）由于衍射信号很弱，被检表面状态不良会引起信号质量下降（幅度和形状等），从而严重影响检测的可靠性。工件表面应打磨平滑，不能有沟槽，确保探头耦合良好。

5）需要使用对比试块验证TOFD法的可检性，但要注意人工缺陷的衍射特性与缺陷的衍射特性可能存在明显的不同。在检测设置上要求高，因为TOFD必须在设置正确时才能成为一种很好的缺陷定量和定位方法。

7.2.2　对于TOFD检测设备的要求

目前对于进行TOFD检测的超声波仪器，一般要求具有A、D、B图形显示功能，使用小晶片大扩散角的（成对）纵波斜探头，具有能进行*X*和*Y*向移动的机械扫查器、追踪检测部位的光学或磁性编码器、放大微弱衍射波信号以供接收电路获得所需较高增益调整值的前置放大器。除仪器外还应配备含模拟衍射体的参考试块。

对TOFD检测仪器特性的要求如下：

1）接收探头的－6dB带宽通常至少为标称探头频率的0.5～2倍，可采用适当的带宽滤波。

2）发射脉冲的脉冲上升时间不应超过标称探头频率相应周期的0.25倍。

3）数字采样频率至少为探头频率的4倍。

4）超声设备和机械扫查装置组合后，一般每毫米扫查长度应至少获得一个A扫描信号，并将信号数字化，数据的获取与扫查装置的移动应同步。

5）为观察任何部位数字化的A扫描信号，屏幕上应显示有编程位置和范围的窗口。编程窗口始点离发射脉冲0～200μs，窗口范围为5～200μs。用该法可选定适当信号（直通波或爬波、底波信号、一个或多个变型波信号）数字化和显示。

6）数字化 A 扫描结果应能以相关灰度或单色等级的幅度显示，并在邻近绘出 D 扫描(焊缝纵断面显示)或 B 扫描(焊缝横断面显示)图像，灰度或单色等级数至少为64。

7）所有 A、D 或 B 扫描结果均应能存贮在磁性或光学储存介质上。检测报告用 A，D 或 B 扫描的硬拷贝。

8）TOFD 设备应能对信号进行平均化处理，应具有足够的系统增益和信噪比，以检出要评定的衍射信号，应能获得许可的分辨率和足够的评定范围，能有效使用系统动态范围。

9）前置放大器应能对所关注的频率范围有平缓的响应。

7.2.3 对 TOFD 检测探头的要求

TOFD 探头为两个一组(一发一收，相向对置)，两个探头的中心频率和折射角应相同，窄脉冲，脉冲重复频率应调节到相继发射脉冲所产生的声信号之间无干扰。超声波探头的角度、晶片尺寸和频率的选择、探头的延时、两个探头以缺陷为中心的对称布置以及根据检测壁厚设定探头入射点间距(PCS)、扫查速度等都是保障和提高缺陷检测分辨力和定量准确度的关键，在很大程度上决定了总的准确度、信噪比和 TOFD 法评定区范围。此外，探头入射点和声速误差对检测定量的影响也不可忽视。

7.2.4 对机械扫查的要求

机械扫查的作用是使两个探头的入射点间距保持固定并始终对准，并能向仪器提供探头位置信息，以产生与位置有关的 D 扫描或 B 扫描图像。探头的位置信息可由步进磁性编码器、光学编码器或电位差计提供。机械扫查器可由电机驱动(用于自动探伤)，也可用手工驱动，可使用钢轨、钢带、追踪系统的自动跟踪和导轮等适当的导向机构。

7.2.5 设备的调整

1）探头参数的选择

在选定探头的波型、声束宽度、频率、角度、尺寸、数量等以后，要确定 TOFD 法的探头位置布置，以便在薄板和厚板焊缝中都能获得良好的缺陷检出能力(当探头相对于缺陷布置对称时，超声衍射波传播的时间最短，定位精度最高)。

对于壁厚 $T \leqslant 50$mm 的钢焊缝，可用一对斜探头横跨在焊缝两侧。

对于壁厚 $T > 50$mm 的钢焊缝，应将壁厚分成几个检测区，每区覆盖不同的深度范围。

表 7－1 是 JB/T 4730. 10—2010 标准推荐的检测厚度与探头对数量及参数。

2）探头中心间距(PCS)

经验认为当达到图 7－1 中缺陷高度中心处的声轴线与该中心到探测面的垂直线夹角为60°左右时，缺陷端部衍射效率最高，角度偏差越大，就越可能引起缺陷端部衍射波减弱。

因此，探头的中心间距(PCS)布置应尽量使声束中心线以此角度与所需寻找或评定缺陷的深度区域相交以求达到最佳的检测效果。此外，屏幕上的时基线应至少覆盖所需评定的深度范围。

表 7－1　检测厚度与探头通道数量及参数推荐值

工件厚度/mm	检测通道数或扫查次数	深度范围	标称频率/MHz	声束角度 α/(°)	晶片直径/mm
12～15	1	0～t	15～7	70～60	2～4
15～35	1	0～t	10～5	70～60	2～6
35～50	1	0～t	5～3	70～60	3～6
50～100	2	0～$2t/5$	7.5～5	70～60	3～6
		$2t/5$～t	5～3	60～45	6～12
100～200	3	0～$t/5$	7.5～5	70～60	3～6
		$t/5$～$3t/5$	5～3	60～45	6～12
		$3t/5$～t	5～2	60～45	6～20
200～300	4	0～40	7.5～5	70～60	3～6
		40～$2t/5$	5～3	60～45	6～12
		$2t/5$～$3t/4$	5～2	60～45	6～20
		$3t/4$～t	3～1	50～40	10～20
300～400	5	0～40	7.5～5	70～60	3～6
		40～$3t/10$	5～3	60～45	6～12
		$3t/10$～$t/2$	5～2	60～45	6～20
		$t/2$～$3t/4$	3～1	50～40	10～20
		$3t/4$～t	3～1	50～40	12～25

对于耦合要求，可以和传统的超声检测方法一样选用不同的耦合介质，但应尽量与被检材料匹配。例如可以用含附加剂(润湿剂、防冻剂及防腐剂等)的水、糨糊、机油、润滑剂和含水纤维糊剂等。

3）灵敏度调整

TOFD 检测需要使用参考试块来校正系统灵敏度和覆盖范围，判断增益调整值和信噪比是否恰当。

制作参考试块的材料应与被检件相似(声速显微组织和表面状态)，试块的厚度应等于或大于被检工件的标称厚度，扫查表面的宽度和长度应满足探头在参考衍射体(人工缺陷)上的移动范围。

参考试块中的人工缺陷一般采用线切割槽或孔，槽的深度延伸方向与探测面垂直，槽的两侧应能满足两个探头分置在槽的两侧并有足够的范围。在实际应用中需要根据具体检测对象分别制作不同槽深的试块或在同一试块中加工不同深度的槽。在使用参考试块调整灵敏度时，通常规定参考衍射体（例如线切割槽）的最大波幅为满屏高度的百分比值。此外，还应注意，选择不同衍射体的参考试块时，灵敏度的调节结果会有所不同。

TOFD 检测的一般流程包括：

a）仪器设置（主要是设置一些功能参数，如：触发电压、探头频率、工件厚度、编码器、滤波器、PCS、脉冲重复频率等）；

b）工件扫查方式（一般采取非平行扫查）；

c）校准仪器（校准编码器的准确性，保证行程定位精度）；

d）缺陷分析（点、线、面的初步判定甚至性质的精确确定、埋藏深度、自身高度、长度）。

图 7－5 是国产汉威和友联生产的 TOFD 超声检测仪及扫查架。图 7－6～图 7－8 为典型参考试块扫查的 TOFD 图形显示。

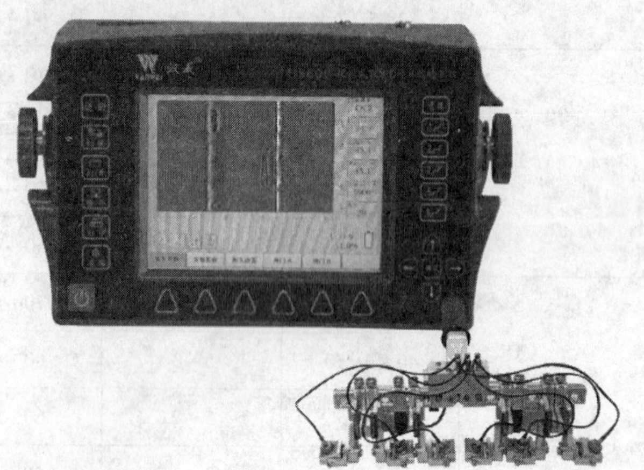

（a）汉威 HS800 多通道 TOFD 超声检测仪及扫查架

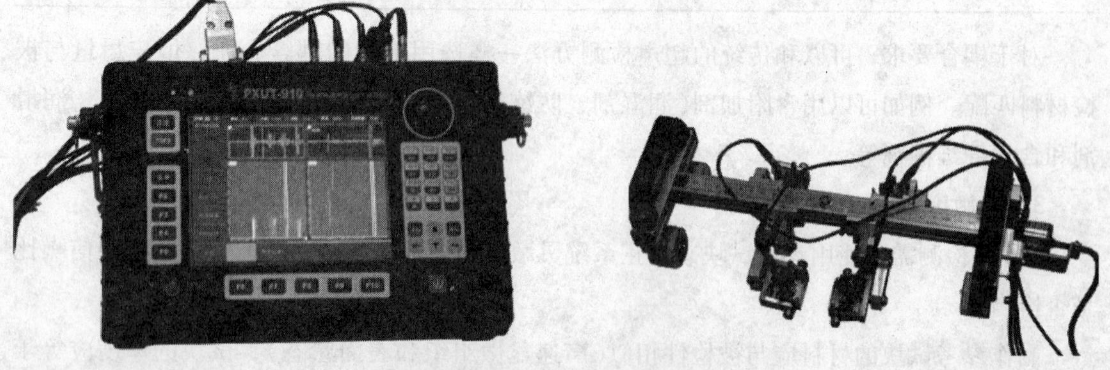

（b）友联 PXUT－910 多通道 TOFD 探伤仪及扫查架

图 7－5　国内 TOFD 仪器及扫查架

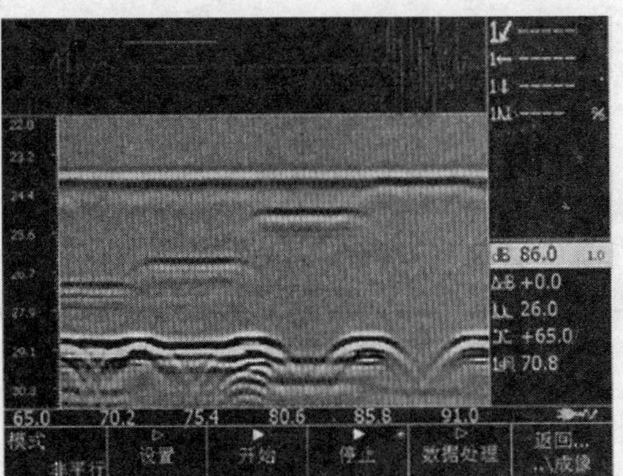

图 7－6　扫查 ASME2004 规定的
TOFD 槽型试块的非平行扫查显示

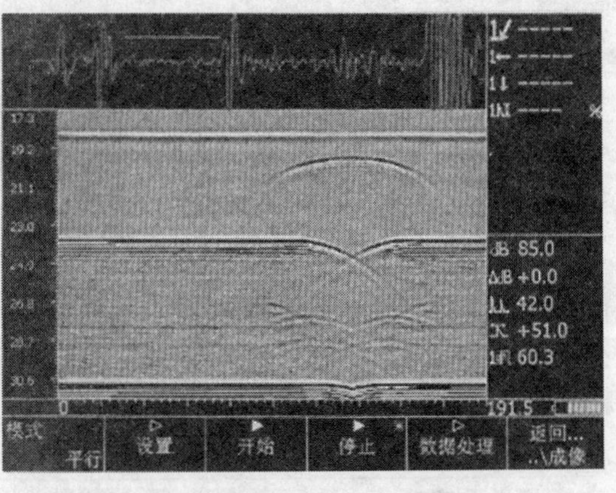

图 7－7　下边面开槽，距上表面深 10mm 的
上尖端平行扫查显示

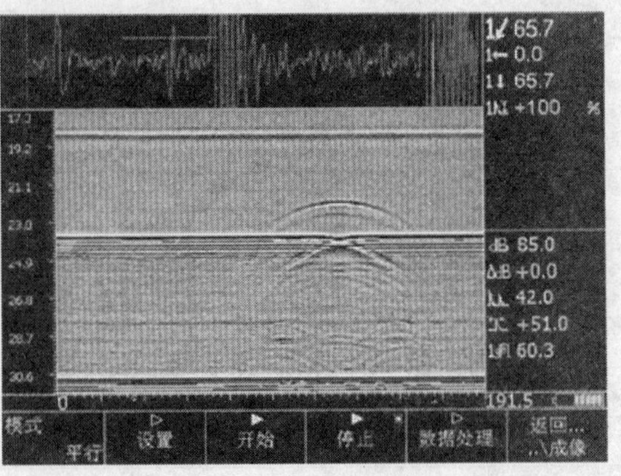

图 7－8　下边面开槽，距上表面深 30mm 的上尖端平行扫查显示

附录1　钢管材料标准对照表

中国标准 GB 钢号	美国标准 ASTM 钢管	钢种	
	A53 - TypeF	低碳素钢	碳素钢
10	A53 - A	低碳素钢	
20	A53 - B，A105 - B	中碳素钢	
20G	A106B	中碳素钢(Si 镇静钢)	
10	A105 - A	低碳素钢(Si 镇静钢)	
12CrMo	A335 - P2	1/2Mo 钢	合金钢
15CrMo	A335 - P12	1Cr1/2Mo 钢	
	A335 - P11	1. 1/4Cr1/2Mo 钢	
12Cr2Mo	A335 - P22	2. 1/2Cr1Mo 钢	
1Cr5Mo	A335 - P5	5Cr1/2Mo 钢	
	A335 - P9	9Cr1Mo 钢	
09MnD、16Mn	A333 - G1	铝镇静钢	低温用钢
	A333 - G3	3 - 1/2Ni 钢	
	A333 - 8	9Ni 钢	
0Cr18Ni9	A312 - TP304	18 - 8 钢	不锈钢
	A312 - TP304H	高温用 18 - 8 钢	
00Cr19Ni10	A312 - T304L	低碳素 18 - 8 钢	
	A312 - TP109	22 - 12 钢	
	A312 - TP310	25 - 10 钢	
0Cr18Ni10Ti 0Cr18Ni11Nb	A312 - TP347	18 - 8(Nb + Ti)钢	
0Cr17Ni12Mo2 00Cr17Ni14Mo2	A312 - TP316	18 - 8 - Mo 钢	
	A312 - TP316H	高温用 18 - 8 - Mo 钢	
0Cr11Ni12Mo2 00Cr17Ni14Mo2	A312 - TP306L	低碳素 18 - 8 - Mo 钢	
0Cr18Ni10Ti 0Cr18Ni11Nb	A312 - TP312	18 - 8 - Ti 钢	
	A312 - TP321H	高温用 18 - 8 - Ti 钢	
	A312 - TP347H	高温用 18 - 8(Nb + Ti)不锈钢	
	A268 - TF329	25 - 5Mo 钢	
0Cr19Ni13Mo3 0Cr19Ni13 Mo3	A312 - TP317 A312 - TP317L		

附录2　常用国标主要钢种的新旧牌号及与美国、日本标准牌号对照表

序号	国标原牌号	新牌号 GB/T 20878—2007	美国牌号 ASTM A959—2004	日本牌号 JIS G4303—1998 JIS G4311—1991
1	1Cr18Ni9	12Cr18Ni9	S30200，302	SUS302
2	0Cr18Ni9	06Cr19Ni10	S30400，304	SUS304
3	00Cr19Ni10	022Cr19Ni10	S30403，304L	SUS304L
4	0Cr25Ni20	06Cr25Ni20	S31008，310S	SUS310S
5	00Cr17Ni14Mo2	022Cr17Ni12Mo2	S31603，316L	SUS316L
6	0Cr18Ni10Ti	06Cr18Ni10Ti	S32100，321	SUS321
7	1Cr5Mo	12Cr5Mo	(S50200，502)	(STBA25)
8	0Cr19Ni9N	06Cr19Ni10N	S30451，304N	SUS304N1
9	0Cr19Ni10NbN	06Cr19Ni9NbN	S30452，XM-21	SUS304N2
10	00Cr18Ni10N	022Cr19Ni10N	S30453，304LN	SUS304LN
11	2Cr21Ni12N	22Cr21Ni12N	(S63017)	SUH37
12	2Cr23Ni13	16Cr23Ni13	S30900，309	SUH309
13	0Cr23Ni13	06Cr23Ni13	S30908，309S	SUS309S
14	1Cr23Ni18	14Cr23Ni18	—	—
15	Cr25Ni20	20Cr25Ni20	S31000，310	SUH310
16	0Cr17Ni12Mo2	06Cr17Ni12Mo2	S31600，316	SUS316
17	1Cr17Ni12Mo2	07Cr17Ni12Mo2	S31609，316H	—
18		06Cr17Ni12Mo2Nb	S31640，316Nb	—
19	0Cr17Ni12Mo2N	06Cr17Ni12Mo2N	S31651，316N	SUS316N
20	00Cr17Ni13Mo2N	022Cr17Ni12Mo2N	S31653，316LN	SUS316LN
21	0Cr18Ni12Mo2Cu2	06Cr18Ni12Mo2Cu2	—	SUS316J1
22	00Cr19Ni13Mo3	022Cr19Ni13Mo4	S31703，317L	SUS317L
23	1Cr18Ni11Ti	07Cr19Ni11Ti	S32109，321H	(SUS321H)
24	0Cr18Ni11Nb	06Cr18Ni11Nb	S34700，347	SUS347
25	1Cr19Ni11Nb	07Cr18Ni11Nb	S34709，347H	(SUS347H)
26	00Cr18Ni5Mo3Si2	022Cr19Ni5Mo3Si2N	—	—
27	0Cr13Al	06Cr13Al	S40500，405	SUS405
28	1Cr15	10Cr15	S42900，429	(SUS429)
29	1Cr17	10Cr17	S43000	SUS430
30	00Cr17	022Cr18Ti	S43035，439	(SUS430LX)

续表

序号	国标原牌号	新牌号 GB/T 20878—2007	美国牌号 ASTM A959 - 2004	日本牌号 JIS G4303 - 1998 JIS G4311 - 1991
31	1Cr17Mo	10Cr17Mo	S43400，434	SUS434
32	00Cr18Mo2	019Cr18Mo2NbTi	S44400，444	（SUS444）
33	2Cr25N	16Cr25N	S44600，446	（SUH446）
34	00Cr27Mo	008Cr27Mo	S44627，XM - 27	SUSXM27
35	0Cr13	06Cr13	S41008，410S	（SUS410S）
36	1Cr13	12Cr13	S41000，410	SUS410
37	2Cr13	20Cr13	S42000，420	SUS420J1
38	3Cr13	30Cr13	S42000，420	SUS420J2
39	4Cr9Si2	42Cr9Si2	—	—
40	8Cr20Si2Ni	80Cr20Si2Ni1	—	SUH4

附录3　石油化工管道无损检测标准（SH/T 3545—2011）（超声检测部分）

6　超声检测

6.1　探伤仪、探头和系统性能

6.1.1　仪器

采用数字式A型脉冲反射式超声探伤仪，工作频率范围为0.5～10 MHz，仪器应在荧光屏满刻度的80%范围内呈线性显示，并应具有80 dB以上的连续可调衰减器，其精度为任意相邻12dB误差在±1dB以内，最大累计误差不超过1dB；水平线性误差不大于1%，垂直线性误差不大于5%，其余指标应符合JB/T 10061的规定。

6.1.2　探头

a）新购斜探头应进行如下测试/验收：*K*值、前沿距离、主声束水平方向偏离不应大于2°、主声束垂直方向不应有明显双峰；

b）探头每次使用前应对上述参数进行复验；

c）检测外直径100mm～159mm的管子焊缝，探头楔块与管子应良好耦合，必要时接触面应进行修磨，使其接触面与管子表面的弧度相匹配，修磨后的探头*K*值、入射点等参数用SH－1型试块进行重新测试；

d）管壁厚度小于或等于30mm时，探头频率宜采用5MHz；管壁厚度大于30 mm时，探头频率宜采用2.5 MHz。

6.1.3　超声检测仪和探头的系统性能

6.1.3.1　超声探伤仪和探头系统在达到所探工件的最大检测声程时，其有效灵敏度余量应不小于10dB；显示屏中杂波高度应不超过满幅度的10%。

6.1.3.2　仪器和探头组合的始脉冲宽度（在扫查灵敏度下）：

a）探测管壁厚度小于或等于10mm时，始脉冲宽度不应大于2.5 mm的深度；

b）探测管壁厚度大于10mm小于或等于20mm时，始脉冲宽度不应大于5 mm的深度；

c）探测管壁厚度大于 20mm 小于或等于 30mm 时，始脉冲宽度不应大于 7 mm 的深度；

d）探测管壁厚度大于 30mm 时，始脉冲宽度不应大于 10 mm 的深度。

6.1.3.3 斜探头探测 SH－1 试块 $\phi4$ 和 $\phi8$ 孔或 CSK－ⅠA 试块 $\phi40$ 和 $\phi44$ 孔的分辨力应不小于 20 dB。

6.1.3.4 仪器和探头的系统性能按 JB/T 9214 和 JB/T 10062 的规定进行测试。

6.2 系统校核(复核)

6.2.1 校核应在标准试块上进行，校核应使探头主声束垂直对准反射体的反射面，以获得稳定的和最大的反射信号。

6.2.2 每隔 3 个月应对仪器的水平线性和垂直线性进行一次校核。校核应按 JB/T 10061 的有关规定进行。

6.2.3 检测过程中仪器和探头系统遇有下述情况应对系统进行校核：

a）校准后的探头和耦合剂发生改变时；

b）检测人员怀疑扫描线标定精度或扫查灵敏度有变化时；

c）连续工作 4 h 以上时；

d）工作结束时。

6.2.4 检测结束前仪器和探头系统的校核应符合下列规定：

a）每次检测结束前，应对扫描线标定精度进行校核，当扫描线深度定位误差超过 0.5mm 时，则扫描线应重新调整，并对所检测部位进行复检；

b）每次检测结束前，应对扫查灵敏度进行校核，一般对距离－波幅曲线的校核不应少于 3 点：

1）曲线上任何一点幅度下降 2 dB，应对所检测部位进行复检；

2）曲线上任何一点幅度上升 2 dB，则应对所有的记录信号进行重新评定。

6.2.5 对仪器线性进行校核时，任何影响仪器线性的控制器（如抑制或滤波开关等）都应置于“关”的位置或处于最低水平上。

6.3 试块

6.3.1 本标准规定用于仪器探头系统性能校准和检测校准的试块有：

a）CSK－ⅠA（标准试块见图 3）；

b）CSK－ⅢA（标准试块见图 4）；

c）SH－1（标准试块见图 5）。

6.3.2 试块应采用与检件声学性能相同或相近的材料制成，该材料用直探头检测时，不得有大于或等于 $\phi2$mm 平底孔当量直径的缺陷。

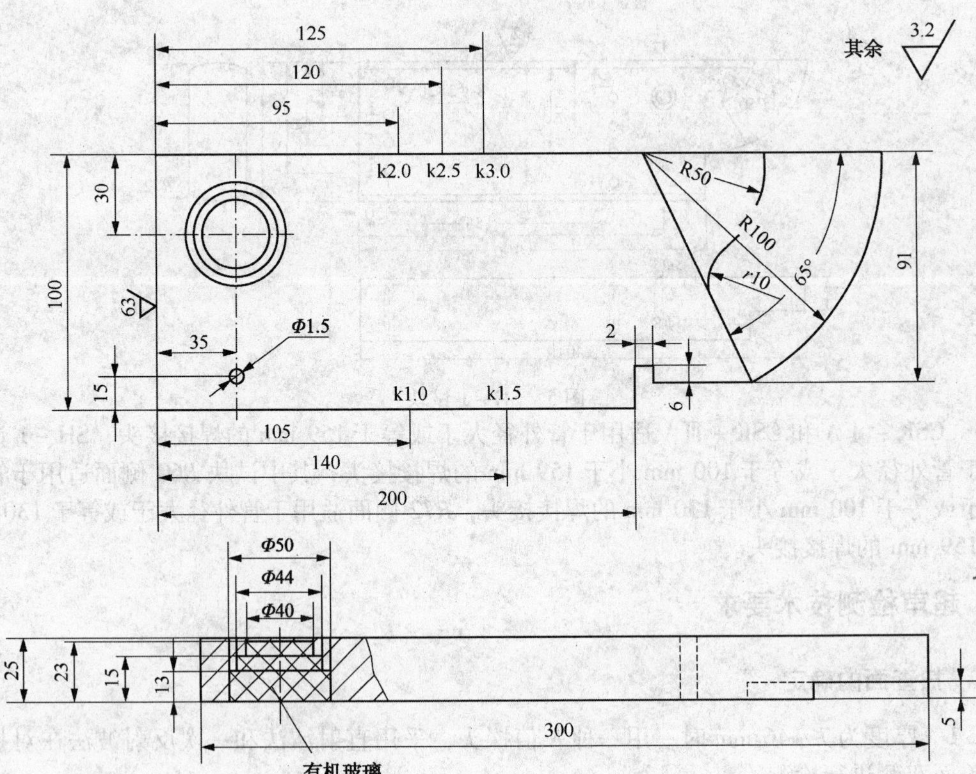

注：尺寸误差为 ±0.05 mm。

图 3　CSK－ⅠA 试块

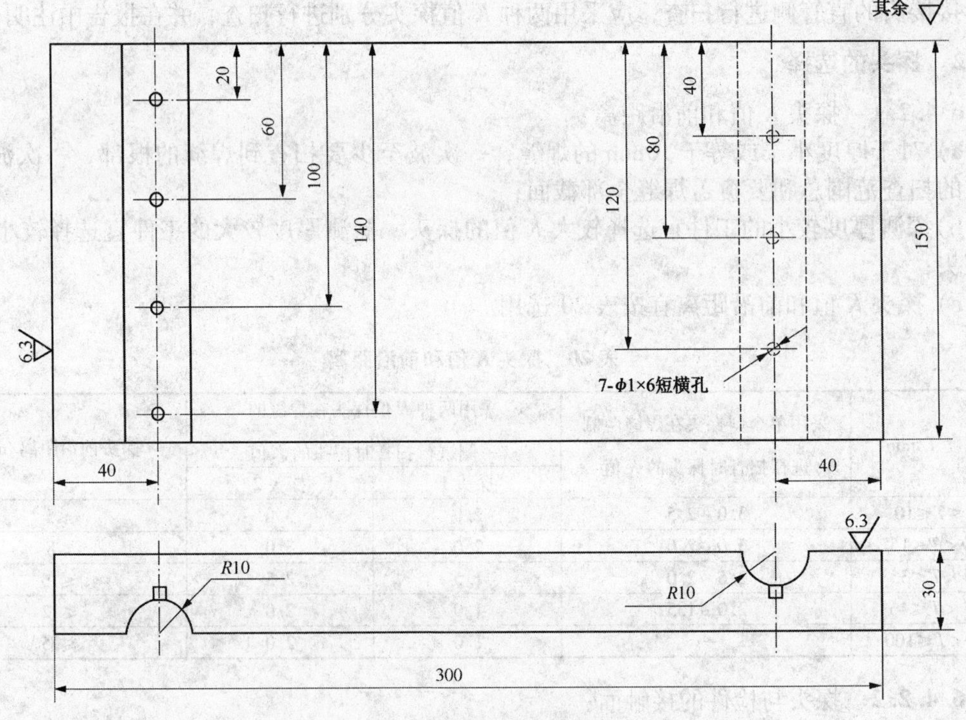

图 4　CSK－ⅢA 试块

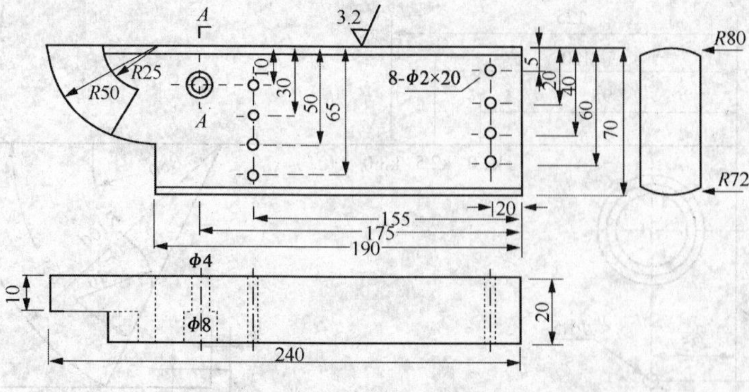

图5　SH－1试块

6.3.3　CSK－ⅠA和CSK－ⅢA适用于管外径大于或等于159 mm的焊接接头；SH－1试块适用于管外径大于或等于100 mm小于159 mm的焊接接头，其中试块*R*60侧面适用于管外径大于或等于100 mm小于130 mm的焊接接头，*R*72侧面适用于管外径大于或等于130 mm小于159 mm的焊接接头。

6.4　超声检测技术要求

6.4.1　扫查面的确定

6.4.1.1　厚度为7～46 mm时，用一种*K*值探头，采用直射波法和一次反射波法在对接焊缝的单面双侧进行检测。

6.4.1.2　厚度大于46 mm时，用两种*K*值探头采用直射波法和一次反射波法在对接焊缝的单面双侧进行检测。两种探头的折射角差应不小于10°

6.4.1.3　对于直管与法兰、阀门、弯头、三通等管件对接的焊接接头，由于条件限制只能从焊接接头的直管侧进行扫查，应采用两种*K*值探头分别进行扫查，并在报告中注明。

6.4.2　探头的选择

6.4.2.1　探头*K*值和前沿距离：

a）对于厚度小于或等于10mm的焊缝，一次波至少要扫查到焊缝的根部，一次波和二次波的扫查范围总和要覆盖焊缝全部截面；

b)探测厚度较小的工件宜选择较大*K*值的探头，探测厚度较大的工件宜选择较小K值的探头；

c）探头*K*值和前沿距离宜按表20选用。

表20　探头*K*值和前沿距离

厚度*T*/mm	采用单个斜探头在焊缝两侧进行扫查时探头的*K*值	采用两种*K*值探头在焊缝的一侧进行扫查时探头的*K*值		探头前沿距离/mm
		探头1	探头2	
7≤*T*≤10	3.0～2.5	2.0	3.0	≤5
10＜*T*≤15	3.0～2.0	2.0	3.0	≤8
15＜*T*≤35	2.5～2.0	1.5	2.5	≤10
35＜*T*≤46	2.0～1.5	1.0	2.0	≤12
46＜*T*≤100	—	1.0	2.0	≤15

6.4.2.2　探头与检件的接触面：

a）探头与管子应有良好接触，保证耦合效果；

b）检测外径小于159mm的管道焊缝，探头楔块的曲率应加工成与管子外径相吻合的形状，加工好曲率的探头应对其 K 值和前沿重新进行测定；

c）外径大于或等于159 mm的管道焊缝，探头与管子的接触面尺寸应满足表21的规定。

表21　探头宽度选择　　单位：mm

管子外径 D_0	探头接触面宽度 W
$100 \leqslant D_0 < 159$	≤12或修磨至与工件曲面匹配
$159 \leqslant D_0 < 219$	≤16
$219 < D_0 \leqslant 325$	≤18
$D_0 > 325$	≤20

6.4.3　扫查速度与表面耦合

6.4.3.1　探头的扫查速度不应超过150 mm/s。

6.4.3.2　检件的表面耦合损失和材质衰减应与灵敏度试块相同，推荐表面补偿值为4 dB，否则应按附录G的规定进行表面耦合损失的测定。

6.4.3.3　耦合剂宜采用化学浆糊，也可采用机油或甘油。

6.5　检测前的准备

6.5.1　受检焊接接头的表面质量应经外观检查合格。所有影响超声检测的锈蚀、飞溅和污物等都应予以清除，其不规则状态不得影响检测结果的正确性和完整性。

焊缝两侧探头移动区良好的油漆层不用去除，良好的油漆层对超声检测不产生影响。

6.5.2　检测前应用纵波直探头或测厚仪对检件扫查部位的厚度进行测量确认，当测量值与标称值不同时，应在记录和报告中注明。

6.5.3　检测面及探头移动区应符合下列要求：

a）检测区的宽度为焊缝宽度，再加上焊缝两侧各相当于母材厚度30%的一段区域，这个区域最小为5 mm，最大为10 mm（见图6）；

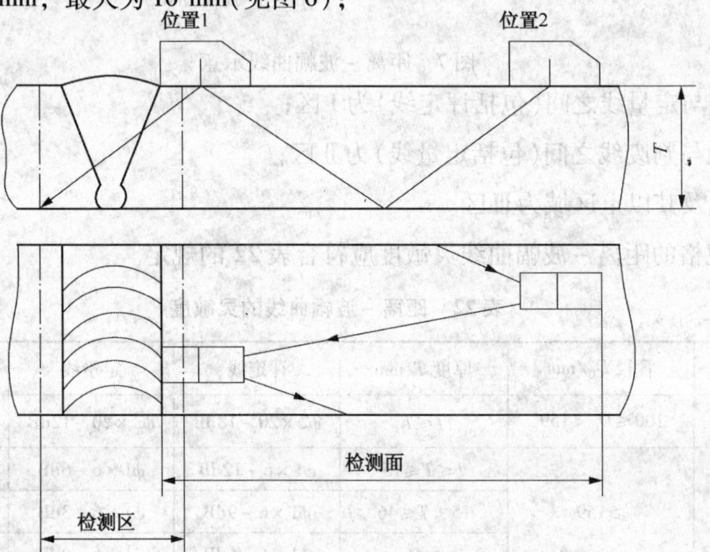

图6　检测和探头移动区

b）探头移动区应进行打磨，清除探头移动区内的焊接飞溅、焊疤、铁屑、油垢、锈蚀及其他杂质，使检测表面平滑，便于探头的扫查，探头移动区 P 按公式(2)计算：

$$P \geqslant 3TK \quad \text{公式(2)}$$

式中 P——探头移动区，mm；

T——母材厚度，mm；

K——探头 K 值。

c）去除余高的焊接接头，应将余高打磨到与邻近母材平齐；保留余高的焊接接头将焊缝表面的咬边、隆起和凹陷等缺陷进行修磨，与母材圆滑过渡。

6.6 距离－波幅曲线制作

6.6.1 采用数字式仪器距离－波幅曲线按深度 1∶1 制作，并同时显示水平和声程。

6.6.2 检测管外径大于或等于 100 mm 且小于 159 mm 的对接焊缝时，以 SH－1 标准试块为基准制作距离－波幅曲线；检测管外径大于或等于 159 mm 的对接焊缝时，以 CSK－ⅢA 标准试块为基准制作距离－波幅曲线。距离－波幅曲线组由评定线、定量线和判废线组成（见图 7），并符合下列规定：

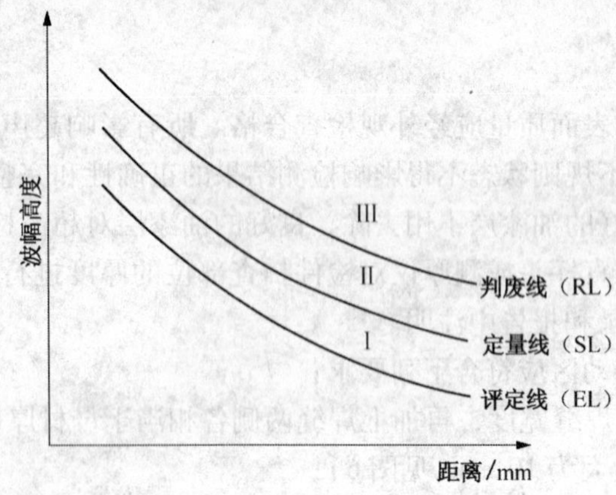

图 7　距离－波幅曲线示意

a）评定线与定量线之间（包括评定线）为Ⅰ区；

b）定量线与判废线之间（包括定量线）为Ⅱ区；

c）判废线及其以上区域为Ⅲ区。

6.6.3 不同规格的距离－波幅曲线灵敏度应符合表 22 的规定。

表 22　距离－波幅曲线的灵敏度

试块型式	管径 D_0/mm	厚度 T/mm	评定线	定量线	判废线
SH－1	$100 \leqslant D_0 < 159$	$7 \leqslant T$	$\phi 2 \times 20 - 18dB$	$\phi 2 \times 20 - 12dB$	$\phi 2 \times 20 - 4dB$
CSK－ⅢA	≥159	$7 \leqslant T \leqslant 15$	$\phi 1 \times 6 - 12dB$	$\phi 1 \times 6 - 6dB$	$\phi 1 \times 6 + 2dB$
		$15 < T \leqslant 46$	$\phi 1 \times 6 - 9dB$	$\phi 1 \times 6 - 3dB$	$\phi 1 \times 6 + 5dB$
		>46	$\phi 1 \times 6 - 6dB$	$\phi 1 \times 6 - 0dB$	$\phi 1 \times 6 + 10dB$

6.6.4 扫查灵敏度不得低于最大声程处的评定线灵敏度。

6.7 扫查方法

6.7.1 将探头置于对接焊接接头两侧并垂直于焊接接头作锯齿形扫查，探头前、后移动距离应不小于3TK，探头前、后移动的齿距应小于探头晶片宽度的一半。

6.7.2 为了观察缺陷动态波形或区分伪缺陷信号以确定缺陷的位置、方向、形状，可采用前、后、左、右、转角等扫查方法。

6.8 缺陷定量

6.8.1 对所有反射波幅位于Ⅰ区以上的缺陷，均应对缺陷位置、缺陷最大反射波幅和缺陷指示长度等进行测定。

6.8.2 缺陷位置测定应以获得缺陷最大反射波的位置为准。缺陷类型的识别和性质估判应按附录H进行。

6.8.3 测定缺陷最大反射波幅时，应将探头移至缺陷出现最大反射波信号的位置，测定波幅值，并确定其在距离—波幅曲线图中的波幅区域。缺陷最大反射波幅以SL±XX dB表示。

6.8.4 缺陷指示长度的测定按下述方法进行：

a）缺陷反射波只有一个高点，且位于Ⅱ区或Ⅱ区以上时，找出最高波，并左、右移动探头，使波高降至评定线，探头左、右移动的距离即为缺陷指示长度；

b）缺陷反射波峰值起伏变化有多个高点，且位于Ⅱ区或Ⅱ区以上时，左、右移动探头，使端点波高降至评定线，探头左右移动的距离即为缺陷指示长度；

c）当缺陷最大反射波幅位于Ⅰ区，检测人员应记录，左、右移动探头，使端点波高降至评定线，探头移动的距离即为缺陷指示长度。

6.9 缺陷的评定

6.9.1 超过评定线的信号如检测人员怀疑是危害性缺陷时，应改变探头K值，观察缺陷动态波形并结合焊接工艺进行综合分析，也可采用其他检测方法进行验证。

6.9.2 相邻两缺陷在一直线上，其间距小于其中较小的缺陷长度时，应作为一条缺陷处理，以两缺陷长度之和作为单个缺陷指示长度，间距不计入缺陷长度。

6.9.3 单个点状缺陷指示长度不足10 mm时，按5 mm计。

6.10 质量分级

6.10.1 对接焊接接头质量分级按表23的规定进行。

表 23 对接焊接接头质量分级 单位：mm

焊接接头质量等级	反射波幅所在区域	缺陷长度[a]	
		单个指示长度 L	累计长度[b]
Ⅰ级	Ⅰ	非裂纹类缺陷	不限
	Ⅱ	小于或等于 $T/3$，最小可为 10，最大不超过 30	长度小于或等于焊接接头周长的 10%，且不超过 30
Ⅱ级	Ⅱ	小于或等于 $2T/3$，最小可为 12，最大不超过 40	长度小于或等于焊接接头周长的 15%，且不超过 40
Ⅲ级	Ⅱ	缺陷长度超过Ⅱ级者	
	Ⅲ	所有缺陷	
	Ⅰ、Ⅱ、Ⅲ	裂纹等危害性缺陷	

注：T 为单壁厚度，当焊接接头两侧母材厚度不等时，取较薄者的厚度值。

[a] 在 10 mm 焊接接头长度范围内，同时存在条状缺陷和未焊透时，应评为Ⅲ级。

[b] 当缺陷累计长度小于单个缺陷指示长度时，以单个缺陷指示长度为准。

6.11 超声检测记录和报告

6.11.1 超声检测记录应包括检测工艺卡编号和本标准 6.11.2 条 a)项 ~ f)项的内容。

6.11.2 超声检测报告应包括下列内容：

a）委托单位；

b）检件名称、编号、规格、材质、坡口型式、焊接方法和检测时机；

c）设备型号、探头型号、标准试块；

d）检测标准、检测比例和合格级别；

e）表面状态、表面补偿、扫描比例、耦合剂及检测灵敏度；

f）检测结果及质量评级，缺陷的类型、尺寸、位置和分布应在示意图上予以标明，如有因几何形状或检测条件限制而检测不到的部位，也应加以说明；

g）检测人员和责任人员签字及其技术资格；

h）检测日期。

附录4　石油天然气钢质管道无损检测（SY/T 4109—2005）（超声检测部分）

1　UT 检测范围

超声检测适用于壁厚为 5mm ~ 50mm，管径为 57mm ~ 1400mm 碳素钢、低合金钢等金属材料的石油天然气长输、集输及其站场的管道环向对接接头的检测与质量分级；不适用于弯头与直管、带颈法兰与直管、回弯头与直管对接接头的检测。

16　超声检测

本部分规定了超声波检测技术与质量分级的要求。

17　超声检测人员

凡从事超声波检测的工作人员除应符合 4.4 的有关规定外，还应满足下列要求：校正视力不得低于 5.0（小数记录值为 1.0），测试方法应符合 GB 11533 的规定，并一年检查一次。

18　探伤仪、探头及系统性能

18.1　探伤仪

采用 A 型脉冲反射式探伤仪，其工作频率范围为 1 ~ 10MHz。仪器至少在荧光屏满刻度的 80% 范围内呈线性显示。探伤仪应具有 80dB 以上的连续可调衰减器，步进级每挡小于或等于 2dB，其精度为任意相邻 12dB 误差在 ±1dB 以内，最大累计误差不超过 1dB。水平线性误差不大于 1%，垂直线性误差不大于 5%。其余指标应符合 JB/T 10061 的规定。

18.2　探头

18.2.1　探头应按 ZBY 344 的规定作出标志。

18.2.2　探头的工作频率为 2.0 ~ 5.0MHz。

18.2.3　单斜探头主声束垂直方向的偏离不应有明显的双峰，水平方向偏离角不应大于 2°。

18.3　超声探伤仪和探头的系统性能

18.3.1　仪器和探头组合灵敏度：在所检工件最大声程处，有效检测灵敏度余量不小于 10dB。

18.3.2 斜探头的分辨力一般应大于或等于6dB。分辨力的测试方法应符合附录A的要求。

18.3.3 仪器和探头的系统性能应按JB/T 9214和JB/T 10062的规定进行测试。

19 校准和复核

19.1 校准

校准应在试块上进行，校准中应使探头主声束垂直对准反射体的反射面，以获得稳定的和最大的反射信号。

19.1.1 仪器校准：在仪器开始使用时，应对仪器的水平线性和垂直线性等指标进行测定，测定方法按JB/T 10061的规定进行。在使用过程中，每隔3个月至少应对仪器的水平线性和垂直线性进行一次测定。

19.1.2 探头校准

a）新探头使用前至少应进行前沿距离、K值、主声束偏离，灵敏度余量和分辨率等的测定。测定方法应按JB/T 10062的有关规定进行，并满足检测要求。

b）使用过程中，每个工作日均应测定前沿距离、K值和主声束偏离。

19.2 仪器和探头系统的复核

19.2.1 复核时机：每次检测前均应对扫描线性、灵敏度进行复核，遇有下述情况应随时对其进行重新核查：

a）校准后的探头、耦合剂和仪器调节旋钮发生改变时。

b）检测人员怀疑灵敏度有变化时。

c）连续工作4h以上时。

d）工作结束时。

19.2.2 扫描量程的复核：每次检测结束前，应对扫描量程进行复核。如果距离一波幅曲线上任意一点在扫描线上的偏移超过扫描读数的10%，则对扫描量程重新调整，并对上一次复核以来所有的检测部位进行复核。

19.2.3 扫查灵敏度的复核：每次检测结束前，应对扫查灵敏度进行复核。一般对距离一波幅曲线的校核应不少于3点。如曲线上任何一点幅度下降2dB，则应对上一次以来所有的检测结果进行复检；如幅度上升2dB，则应对所有的记录信号进行重新评定。

20 超声试块

20.1 本标准采和SGB试块和SRB试块，其形状和尺寸见图5和图6。

20.2 SGB试块用于测定探伤仪、探头系统性能以及对仪器做调整和校验。根据不同曲率的被检管件，制作了六种不同的SGB试块。每种SGB试块的适用管径范围见表23。SGB试块也用作焊缝的灵敏度调节。

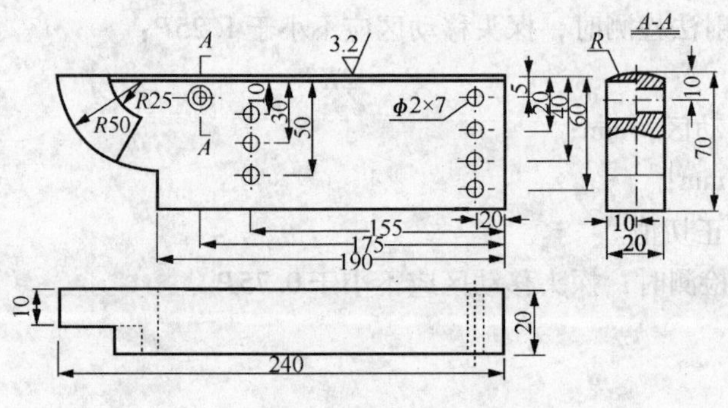

图 5　SGB 试块形状与尺寸

ϕ—被检管线外径；T—被检管线公称壁厚；

h—内壁环状矩形槽的槽深，$h=10\%T$，且 $h\leqslant 1.5$mm

图 6　SRB 试块形状与尺寸

表 23　SGB 试块适用范围表

编号	弧面半径/mm	适用管外径范围 ϕ/mm
SGB－1	30	57～89
SGB－2	48	>89～140
SGB－3	76	>140～210
SGB－4	120	>210～360
SGB－5	200	>360～600
SGB－6	平面	>600

20.3　SGB 试块的材料是在被检件上平行于轴线方向截取制作的。加工后的试块宽度不宜小于 50mm，避免出现边角反射。该试块用于比较焊缝根部未焊透深度。

20.4　试块应采用与被检材料相同或声学性能相近的钢材制成。其材料用直探头检测时，不得出现大于 ϕ2mm 平底孔回波幅度 1/4 的缺欠信号。试块的制作要求应符合 JB/T 10063 和 JB/T 7913 的规定。

21　检测前的准备

21.1　检测面

21.1.1　探头移动区应清除飞溅、锈蚀、油污及其他外部杂质，检测表面应修磨平整光滑，其表面粗糙度不应超过 6.3μm。焊缝及检测面经外观检查合格方可进行检测。

21.1.2　探头移动区的确定应符合下列要求：

a）采用一次反射法检测时，探头移动区应不小于1.25P：

$$P = 2KT \tag{2}$$

式中 P——探头移动区，mm；

T——板厚，mm；

K——折射角正切值。

b）采用直射法检测时，探头移动区应不小于0.75P。

21.2 耦合剂

21.2.1 耦合剂应具有良好的透声性和适宜的流动性，不应对人体和材料有损伤，同时便于检验后清理。典型的耦合剂为浆糊、洗涤剂、机油和甘油。

21.2.2 在试块上调节仪器和在检测对接接头时，应采用相同的耦合剂。

21.3 探头的选择

21.3.1 母材厚度为14mm～50mm范围内的探头参数选择：

a）探头角度选择的原则是直射波扫查焊缝中下部，反射波扫查焊缝中上部。斜探头角度的选择见表24。检测根部缺欠时，不宜使用折射角为60°的探头。

表24 探头折射角或K值选择

管壁厚度/mm	探头折射角/(°)	探头K值
>14～50	63.5～45	2.0～1.0

b）探头频率一般采用2.5MHz。

c）探头宜采用方晶片，晶片的有效面积不大于96mm²。探头前沿不大于10mm。

21.3.2 母材厚度为5mm～14mm范围内的探头参数选择：

a）探头角度选择的原则是直射波主声束至少应扫查到焊缝厚度的3/4，见图7。探头角度的选择见表25。

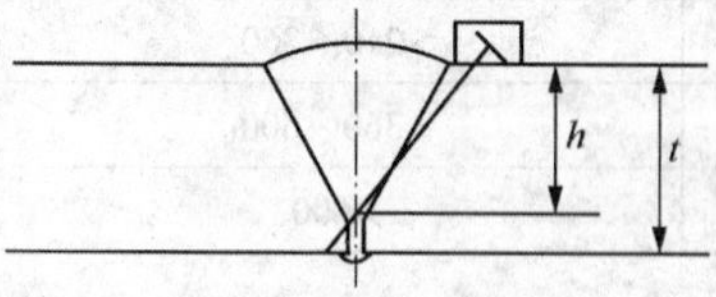

注：$h \leqslant 3t/4$

图7 扫查示意图

b）探头频率一般采用5MHz。

c）探头晶片尺寸：推荐探头晶片尺寸选用6mm×6mm，8mm×8mm，7mm×9mm，9mm×9mm等。

d）探头前沿：管壁厚度小于或等于6mm时，探头前沿应小于或等于6mm；壁厚度大于6mm时，可适当增大。

e）始脉冲占宽：使用的探头与探伤仪应有良好的匹配性能，在扫查灵敏度的条件下，探头的始脉冲宽度应尽可能小，一般小于或等于2.5mm(相当于钢中深度)。

表25 探头折射角或K值的选择

管壁厚度/mm	探头折射角/(°)	探头K值
5～8	71.5～68.2	3～2.5
>8～14	68.2～63.5	2.5～2.0

f）斜探头分辨力：斜探头的分辨力应大于或等于20dB.

g)外径为57mm～140mm的对接环缝采用小径管探头。

小径管探头的接触面必须与管子外表面紧密接触，其边缘与管子外表面的间隙不大于0.5mm。可以通过在管子表面上铺上细砂纸沿轴向轻轻研磨制得，研磨后的探头入射点和K值应重新测定。

21.4　距离－波幅曲线的制作

21.4.1　扫描线调节：扫描线调节应在SGB试块上进行，扫描比例依据工件厚度和选用探头角度来确定，具体的调整方法见附录B。

21.4.2　距离－波幅曲线的绘制要求如下：

a）距离－波幅曲线应按所选用的仪器和探头在标准规定的试块上实测数据绘制而成。其绘制方法见附表C。曲线由判废线RL、定量线SL和评定线EL组成，各线灵敏度见表26。评定线至定量线以下为Ⅰ区，定量线至判废线以下为Ⅱ区，判废线及以上为Ⅲ区，见图8。

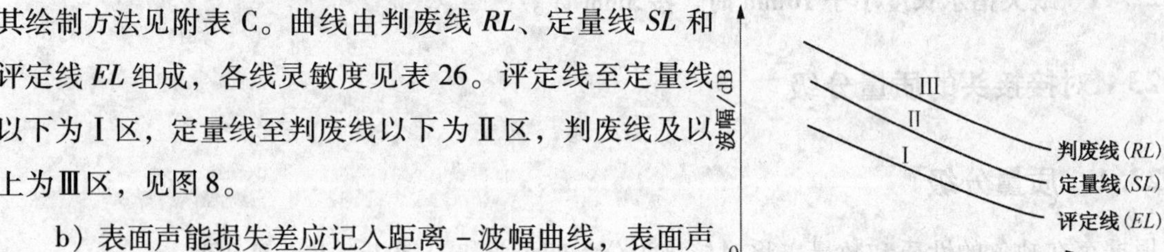

图8　距离－波幅曲线

b）表面声能损失差应记入距离－波幅曲线，表面声能损失差的测定参见附录E。

c)在整个检测范围内，曲线应处于荧光屏满幅度的20%以上；如果做不到，可采用分段绘制的方法。

d）为发现和比较根部未焊透深度，应在SRB试块上测定人工矩形槽的反射波幅度，并标在荧光屏上，测定方法应符合附录D的要求。

表26　距离－波幅曲线的灵敏度

管壁厚度/mm	评定线(EL)	定量线(SL)	判废线(RL)
5～50	ϕ2mm～14dB	ϕ2mm～8dB	ϕ2mm～2dB

22　检测

22.1　检测前检测人员应了解被检管道的材质、厚度、曲率、组对状况、坡口形式、焊接方法、焊缝余高、焊缝高度及沟槽等情况。

22.2　采用单面双侧直射法及反射波法检测。

22.3　检测灵敏度应不低于评定线灵敏度。

22.4　扫查速度不大于150mm/s，相邻两次探头移动间隔至少有探头宽度10%的重叠。

22.5　为探测纵向缺欠，探头应垂直焊缝中心线做矩形扫查或锯齿形扫查，探头前后移动范围应保证能扫查全部焊缝截面及热影响区。

22.6 对反射波幅位于或超过定量线的缺欠以及判定为根部未焊透的缺欠，应确定其位置、最大反射波所在区域和缺欠指示长度。

22.7 缺欠最大反射波幅与定量线 SL 的分贝差，记为：$SL \pm dB$。

22.8 缺欠位置应以获得最大反射波的位置来表示，并根据相应的探头位置和反射波在荧光屏上的位置确定。应以焊缝周向分度点为起点，沿介质流出方向投影，顺时针进行标记。深度标记是以缺欠最大反射波的深度值来表示的。

22.9 当缺欠反射波只有一个高点，且位于Ⅱ区时，用6dB法测其指示长度；当缺欠反射波峰值起伏变化，有多个高点，且位于Ⅱ区时，应以端点6dB法测其指示长度。

22.10 相邻两缺欠在一直线上，其间距小于较小的缺欠长度时，应做为一个缺欠处理，以两缺欠长度之和作为其指示长度(不考虑间距)。

22.11 缺欠指示长度小于10mm时，按5mm计。

23 对接接头的质量分级

23.1 质量分级

根据存在缺欠的性质和数量，将对接接头分为四个等级，即Ⅰ，Ⅱ，Ⅲ和Ⅳ。

23.2 缺欠的评定及检测结果的分级

23.2.1 如缺欠信号具有裂纹等危害性缺欠特征，均评为Ⅳ级；如不能准确评定，应辅以其他检测方法判定。

23.2.2 缺欠的反射波幅位于定量线以下的非危害性缺欠均评为Ⅰ级。

23.2.3 最大反射波位于Ⅱ区的缺欠以及波高小于SRB试块人工矩形槽反射波峰值点的未焊透缺欠，应根据缺欠的指示长度，按表27的规定予以评定。

23.2.4 波高大于或等于SRB试块人工矩形槽反射波峰值点的未焊透缺欠应评定为Ⅳ级。

23.2.5 反射波幅位于判废线或Ⅲ区的缺欠，无论指示长度如何，均评为Ⅳ级。

表27 缺欠的分级

评定等级	开口缺欠指示长度	非开口缺欠指示长度
Ⅰ	不允许	不允许
Ⅱ	4%L或任意300mm内不大于20mm	4%L或任意300mm内不大于25mm
Ⅲ	8%L或任意300mm内不大于30mm	8%L或任意300mm内不大于50mm
Ⅳ	超过Ⅲ级者	

注1：L为管道焊缝长度。

注2：错边未焊透，按非开口缺欠处理。

24 超声检测报告

检测报告作为检测结果的永久性记录，至少包括工程名称、管口编号、坡口形式、材质、规格、验收标准、检测人员(级别)、审核人员(级别)、检验日期、检测结论、检测单位盖章以及业主提出的其他要求等。报告格式参见附录G。

附录 A

（资料性附录）

探头主要参数的测试方法

A.1　斜探头入射点及前沿距离的测定

A.1.1　按图 A.1 所示，将探头置于 SGB 基准试块的位置 1。

A.1.2　前后移动探头，向 R_{25}，R_{50}圆弧发射超声波，直到这两个面的回波幅度最大。此时与 SGB 试块侧面圆弧中心刻线对应的探头位置为探头入射点，入射点探头前端的距离为前沿距离。用刻度尺测出前沿距离，读数精度到 0.5mm。

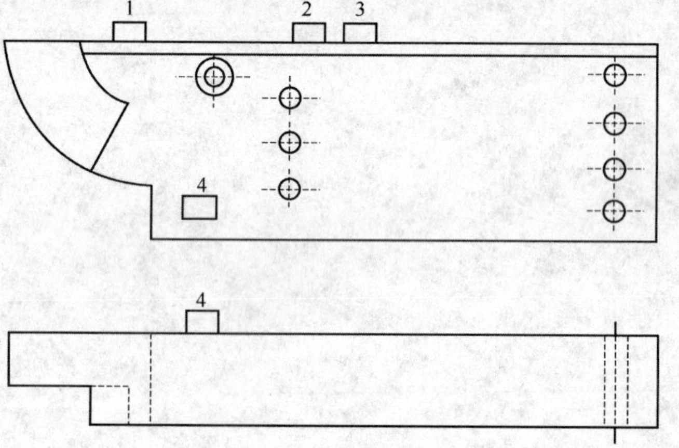

图 A.1　探头主要参数测试

A.2　斜探头折射角的测定

A.2.1　按图 A.1 所示，将探头置于 SGB 基准试块的位置 3，前后移动探头，观察深度为 30mm 的 ϕ2mm 横通孔回波为最高，固定探头位置，测出入射点到 ϕ2 孔中心的水平距离 L。

A.2.2　折射角 β 按式（A.1）计算：

$$\beta = \arctan(L/h) \tag{A.1}$$

式中　L——入射点到 ϕ2 孔中心水平距离，mm；

h——ϕ2 孔中心与探测面垂直距离，mm；

β——斜探头折射角，（°）。

A.3　仪器与斜探头分辨力的测定

A.3.1　按图 A.1 所示，将探头置于 SGB 基准试块的位置 2 上，前后移动探头，适当调整衰减器，使 ϕ8，ϕ4 两孔反射波高 h 相同，均为满幅度的 30% ~40%，记下衰减器读数 D_1。

A.3.2　再调节衰减器，使 ϕ8，ϕ4 两反射波之间的波谷上升到原波峰高度（见图 A.2），记

下衰减器读数 D_2。

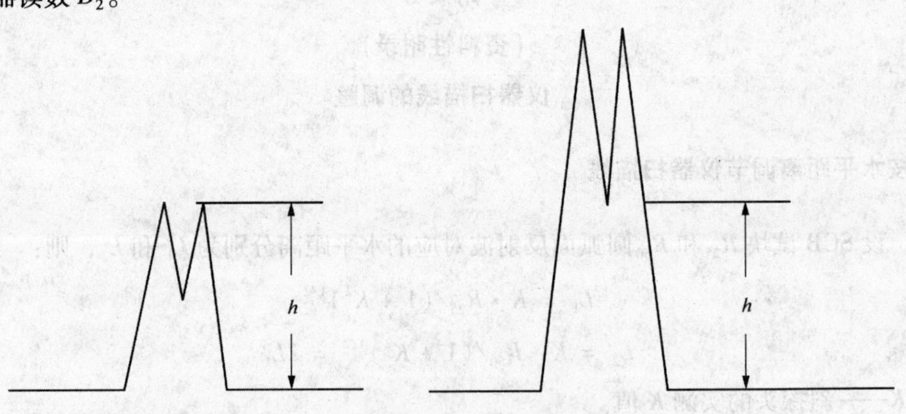

A. 2　斜探头分辨力测定时荧光屏上的波形

A. 3. 3　衰减器的两次读数差 $D_2 - D_1$(dB)为仪器和探头组合分辨力。

A. 4　斜探头主声束偏离角的测定

A. 4. 1　按图 A. 1 所示，将探头置于 SGB 基准试块的位置 4，探测试块上对应的棱边。

A. 4. 2　前后、左右移动探头，使所测棱边反射波达到最大值，固定探头，沿探头侧面在试块上划一条直线。

A. 4. 3　用量角器测量出上述直线与试块所测棱边法线的夹角 θ 即主声束偏离角。

A. 5　斜探头主声束双峰的测定

在 SGB 试块上，将探头置于 2 或 3 的位置，探测 $\phi 2 \times 20$ 横通孔，保持主声束与试块侧面平行，使横通孔反射波达到最高值，并在其位置附近前后移动探头，观察动态波形变化情况。当荧光屏上出现图 A. 3(a)所示时，表明探头无双峰，可用；当荧光屏上出现图 A. 3(b)所示时，说明该探头具有双峰，不能使用。

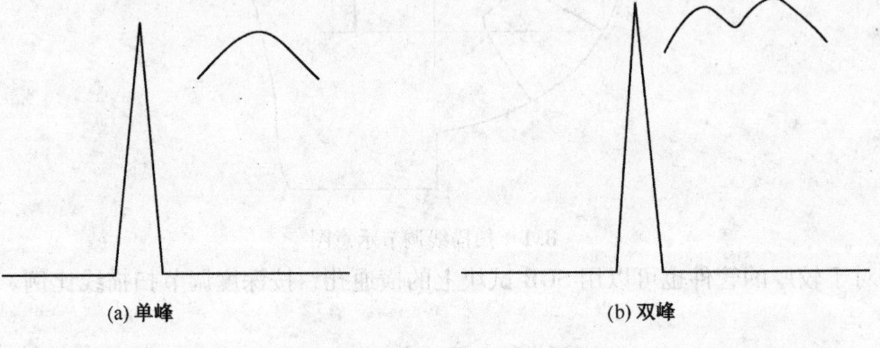

图 A. 3　斜探头单、双峰示意图

附录 B

（资料性附录）

仪器扫描线的调整

B.1　按水平距离调节仪器扫描线

B.1.1　设 SGB 试块 R_{25} 和 R_{50} 圆弧面反射波对应的水平距离分别为 L_1 和 L_2，则：

$$L_1 = K \cdot R_{25}/(1+K^2)^{1/2} \tag{B.1}$$

$$L_2 = K \cdot R_{50}/(1+K^2)^{1/2} = 2L_1 \tag{B.2}$$

式中　K——斜探头的实测 K 值。

B.1.2　将探头置于图 B.1 所示的位置，移动探头使 R_{25} 和 R_{50} 圆弧面的反射波在荧光屏上达到最大。

B.1.3　调节仪器水平和微调旋钮，使 R_{25} 和 R_{50} 反射波分别对准荧光屏上的水平刻度线 L_1 和 L_2，则按水平距离调节的扫描比例为 1∶1。

B.2　按深度距离调节仪器扫描线

B.2.1　设 SGB 试块 R_{25} 和 R_{50} 圆弧面反射波对应的深度距离分别为 d_1 和 d_2，则：

$$d_1 = R_{25}/(1+K^2)^{1/2} \tag{B.3}$$

$$d_2 = R_{50}/(1+K^2)^{1/2} = 2d_1 \tag{B.4}$$

B.2.2　采用 B.1.2，B.1.3，的操作方法，使 R_{25} 和 R_{50} 反射波分别对准荧光屏上的水平线度线 d_1 和 d_2 的位置，则按深度距离调节的扫描比例为 1∶1。

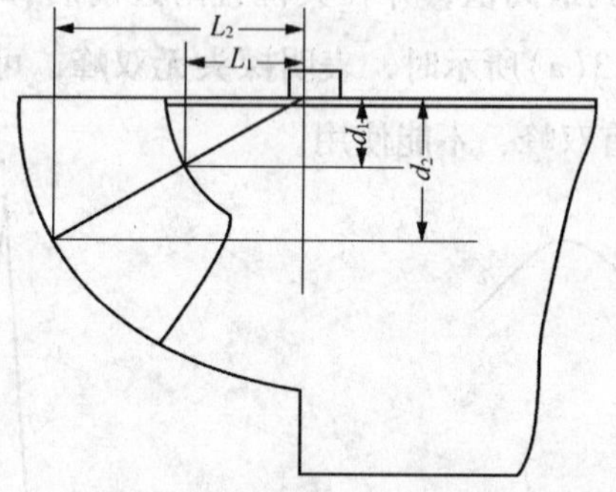

B.1　扫描线调节示意图

B.2.3　对于较厚的管件也可以用 SGB 试块上的横通孔，按深度调节扫描线比例。

附录 C

（规范性附录）

DAC 曲线绘制

C.1 按最大检测厚度调节扫描线比例，如水平 1∶1 或深度 1∶1。

C.2 依据管件曲率选择合适的试块，选取能产生最大反射波的横通孔为第一基准孔。

C.3 DAC 基准线的绘制方法。用 SGB 试块制作；调节“增益”，使第一基准孔的反射波为荧光屏满幅度的 80%，将其峰值点标记在荧光屏前辅助面板上，保持灵敏度不变，依次探测其他横孔，找到最大反射波高，分别将峰值点标记在辅助面板上，并将各峰值点连接成光滑曲线即成 DAC 的基准线。

C.4 将基准线灵敏度提高 8dB，表示定量线灵敏度；再提高 6dB 或降低 6dB，分别表示评定线和判废线，如图 D.1 所示。

C.5 当受检焊缝厚度较大时，DAC 曲线可能处于荧光屏满幅度的 20% 以下，应采用分段绘制，一般是将一次反射波检测部位基准孔的反射波幅提高 10dB。

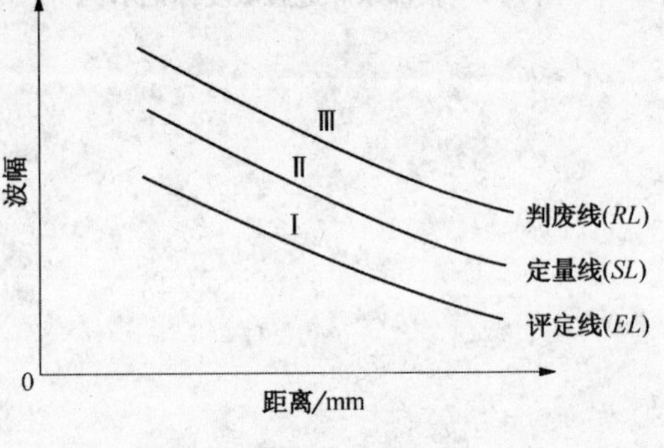

图 C.1 距离 – 波幅曲线

附录 D

（规范性附录）

对比试块的使用及根部缺欠（未焊透）检测灵敏度

D.1 按附录 C 制作的 DAC 曲线辅助面板上，保持灵敏度不变。

D.2 在 SRB 试块上探测矩形槽，并找出最高反射波，将其峰值点标记在辅助面板上，该峰值点波高即为未焊透缺欠的界限灵敏度，即未焊透波幅低于此波峰值点按指示长度评定，大于或等于此波峰值点应评为Ⅳ级，如图 D.1 所示。

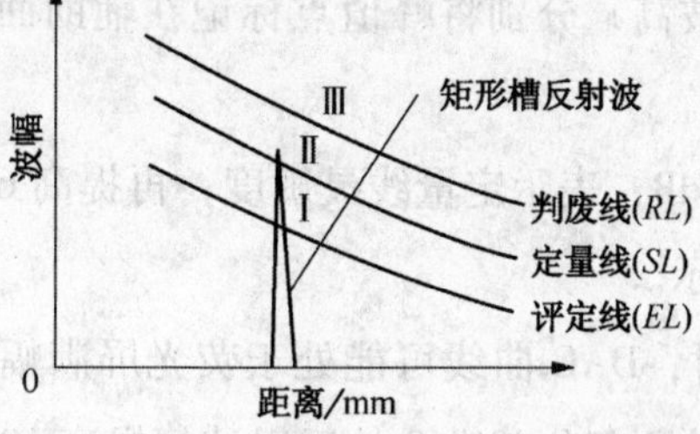

图 D.1 根部未焊透灵敏度标记示例

附录 E

（资料性附录）

表面声能损失差的测定

E.1　制作与工件同材质、同曲率、同壁厚且表面粗糙度与 SGB 试块曲面部分粗糙度相同的曲面试块。

E.2　用两个同型号的探头置于曲面试块的凸表面上，做一发一收探测，探头间距约为实际检验时探头至焊缝截面中心距离的两倍。找到接收波的最大波幅，调节衰减器，使波高为满刻度的 60%。

E.3　保证灵敏度不变的情况，用同样的方法，使斜探头置于工件上，不通过焊缝做一收一发探测，仅调节衰减器，使波高仍为满刻度的 60%。衰减器的两次读数差，即为表面声能损失差。

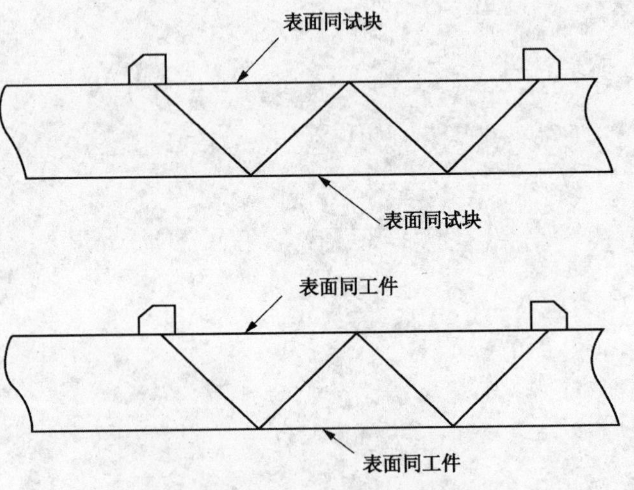

图 E.1　表面声能损失差的测定

主要参考文献

[1] 王晓雷主编．承压类特种设备无损检测相关知识(第二版)．北京：中国劳动社会保障出版社，2007

[2] 岳进才编．压力管道技术．北京：中国石化出版社，2001

[3] 夏纪真编著．超声波无损检测技术．广州：广东科技出版社，2009